# 改造自動車
# 設計の基礎と認証の取得

技術士 **大野 耕一** 著

工学図書株式会社

# はじめに

　改造自動車を製作し，ナンバーを取得するためには，陸運支局や運輸局など，いわゆる"車検場"の認可が必要である。したがって，"車検場"が求めるさまざまな基準を熟知して設計に携わることはもちろんであるが，申請書の書き方などにも常に配慮が欠かせない。

　ところが，改造自動車に関する出版物は，ごくわずかしかないのが実状である。そこで，従来はやむを得ず各人が，試行錯誤を繰り返しつつ，設計や申請に当たってきた。私もその一人だが，現在は，各社の技術者たちに助言する立場にたっている。

　本書は，第一線の技術者たちから問い合わせが多く寄せられた設計の基礎について書いている。また，実際の経験をもとにして，申請書の書き方や申請時の注意点などにも触れている。

　取り上げている自動車は，製作台数が圧倒的に多い産業用自動車が主である。だが，設計の基礎や，トラブルの予防と対策は，乗用車系にも応用できる。

　特殊な装備を施し，限られた用途をもつ自動車は，生産台数が少ないために，標準車を改造し，製作するケースが増えている。改造に要する費用は安くなく，価格に対する圧力が次第に高まっている。

　そのうえ，輸送システムの高度化にともなって，これらの車両はますます複雑化する傾向にあり，品質や安全性に対する要求も，以前よりもはるかに

厳しくなっている。
　このような環境のもとで第一線にたつ技術者に，本書が少しでもお役にたてれば幸いである。


2001年7月1日

大野　耕一

# 目　次

## 第1章　改造自動車とは

1.1　定　義　15
1.2　改造届出　16
1.3　届出が必要な範囲　16
1.4　ナンバープレートが付くまでの流れ　17
1.5　緩和申請　17
1.6　監督官庁との関係　20
1.7　本書が取り扱う範囲　21

## 第2章　関連法規と法規制

2.1　総　論　22
　(1) 法体系　22
　(2) 法規への対応に関する注意点　23
　(3) 道路関連3法　24
2.2　消防車　25
　(1) 動力消防ポンプの技術上の規格　26
　(2) 消防検定制度　26
2.3　教習車　27
　(1) 車格規定　27

# 目次

  (2) 教官ブレーキ規定 29

  (3) 公安委員会の教習車証明書 29

  (4) 用途による違いの有無 29

 2.4 除雪トラック 29

  (1) 緩和申請 30

  (2) 諸元表の「2段書き」 30

 2.5 防爆車 30

  (1) 関連法規 30

  (2) 規　格 31

 2.6 防弾車 31

  (1) 防弾規格 31

  (2) 規格適合証明 33

 2.7 LPGローリー車 33

  (1) 関連法規 33

  (2) 改造に関係する法規制 33

  (3) LPガスの配送方式との関連 34

 2.8 その他の車両 34

  (1) 車両運搬車 34

  (2) 空港用構内車 35

  (3) 福祉車両 35

## 第3章　改造自動車の特別構造

 3.1 各車種に共通する構造 37

  (1) トランスミッションPTO 37

  (2) フライホイールPTO 38

  (3) トランスファーPTO 38

目　次

　　　(4)　エンジンフロント PTO　39

　3.2　消防車　39

　　　(1)　全出力動力取出装置（フルパワー PTO）　39

　　　(2)　補助冷却装置　39

　　　(3)　ダブルキャブ　40

　　　(4)　警告装備と通信機器　40

　　　(5)　オイルパンヒーター　41

　　　(6)　特殊動力取出装置（ダンパー付 PTO，またはパワーディバイダー）　41

　3.3　教習車　42

　　　(1)　教官用補助ブレーキ　42

　　　(2)　教官メーター　42

　　　(3)　教官ミラー　43

　　　(4)　その他の装備　43

　3.4　除雪トラック　44

　　　(1)　車両前方のフレーム補強　44

　　　(2)　大容量ジェネレーター　45

　　　(3)　ツインジェネレーター　46

　　　(4)　熱線入り前面ガラス　46

　　　(5)　ハイキャブマウント　46

　　　(6)　除雪プラウの電子制御　46

　　　(7)　その他　47

　3.5　車両運搬車　47

　　　(1)　フレームの改造　47

　　　(2)　キャブルーフカット　48

　　　(3)　低キャンバー（そり）スプリング　48

# 目次

3.6 防爆車　48
　(1) 発火を抑えるための構造　49
　(2) 排気温度を低下させる対策　49
　(3) 構造上の適性　50
　(4) 防爆改造車の限界　50

3.7 防弾車　52
　(1) 窓の防弾処理　52
　(2) 車体外板の防弾処理　52
　(3) タイヤの防弾処理　52
　(4) 燃料タンクの防弾処理　52
　(5) 生産形態　53

3.8 LPGバルクローリー車　53
　(1) 保安関連装置　54
　(2) 温水取出し　54

3.9 その他の車両　55
　(1) 空港用構内車　55
　(2) 福祉車両　55

## 第4章　改造自動車・設計の基礎とポイント

4.1 設計に入る前に　57
　(1) 基本データの入手　57
　(2) 設計計算の省略　59
　(3) 新規開発時の対応　60
　(4) 先人の知恵の活用　61
　(5) 資料管理　62
　(6) 改造自動車と特許（知的財産権）　64

(7) 改造自動車と PL 法　65

　　(8) 改造自動車と ISO マネジメントシステム　66

　　(9) 設計の効率向上　67

　　(10) 勘と経験と度胸　69

4.2　構造体　70

　　(1) 外板の切断・曲げ加工　70

　　(2) 溶　接　70

　　(3) ボルト類　75

　　(4) リベット　80

　　(5) 溶接，ボルト，リベットの併用　81

　　(6) 応力集中の防止　83

4.3　電気系　84

　　(1) 電気の重要性　84

　　(2) 電気系統の分離とグループ化　86

　　(3) ワイヤーハーネスの肥大化と固定　86

　　(4) パワー電源系統　87

　　(5) 弱電系統（電子制御などの信号系回路）　88

　　(6) 車載通信機器のノイズ　89

　　(7) 静電気のアース　91

　　(8) 発電量の増大　92

　　(9) 定電圧装置（コンバーター）　92

　　(10) その他の注意事項　92

4.4　駆動系　93

　　(1) エンジンの改造に対する考え方　93

　　(2) エンジンの出力アップ　94

　　(3) トランスミッション　96

目次

  (4) 推進軸　96

  (5) 動力取出装置（PTO）取付けの留意点　103

 4.5　制動系　104

  (1) 倍力装置移設　104

  (2) エアタンクの移設・増設　105

  (3) ブレーキ液タンクの移設・増設　106

  (4) 配管設計上の注意　108

  (5) 圧縮空気系統の保護　108

  (6) ブレーキシステムの変更　110

  (7) 第3ブレーキ（リターダー）の取付け　110

 4.6　かじとり系統　111

  (1) 左ハンドル（一部の空港内作業車など）　111

  (2) 左右両ハンドル（路面マーキング車）　111

 4.7　排気系　112

  (1) 排気系改造設計の留意点　112

  (2) 排気熱害への対応（温めてはいけない部品への配慮）

    113

  (3) 枯れ草の火災対策　114

  (4) 消焔装置（フレームアレスター）の取付け　114

  (5) 排気温度低下装置の取付け　114

  (6) 排気ガスの後処理装置の取付け　115

 4.8　その他　115

  (1) シャシスプリングの強化　115

  (2) タイヤ負荷率　118

  (3) 防錆力強化　118

  (4) エンジンからの温水の取出し　120

(5) ツインエアコン　122

　　　(6) 標準幅シングルキャブ車の 4 人仕様　123

　　　(7) 福祉車両　124

　4.9　性能設計　125

　　　(1) 最大安定傾斜角の設計値　125

　　　(2) 最小回転半径の設計値　125

## 第 5 章　改造後のトラブル対策

　5.1　トラブルに対する考え方　126

　5.2　構造体の亀裂，破断，変形　128

　　　(1) 部材のボルト穴からの亀裂　128

　　　(2) 部材の溶接部からの亀裂　128

　　　(3) 部材（構造体）そのものの亀裂　129

　　　(4) ボルトの破断　129

　　　(5) ねじ（ボルト）の緩み　130

　　　(6) 配管の亀裂　130

　　　(7) 排気管の亀裂　130

　　　(8) フレームの変形　131

　5.3　振動，異音　133

　　　(1) 推進軸の振動，騒音　133

　　　(2) フレーム振動　134

　　　(3) ステアリング振動　134

　　　(4) ペダル振動　134

　　　(5) バッテリー，エアタンクなどの補機振動　135

　　　(6) キャブ内部の空気振動　137

　　　(7) バックミラーの振動　137

目　次

　　(8) 減速機（デフ）の異音　137

5.4　熱　138

　　(1) 熱くなって困る場合　138

　　(2) 冷えて困る場合　139

5.5　操作系　140

　　(1) 操作ストロークが不足する　140

　　(2) 操作力が不足する　142

5.6　電　気　142

　　(1) 作動不良　142

　　(2) 電気系のメンテナンス　143

　　(3) 電気による車両火災　143

## 第6章　改造届出書の作成と認可の取得

6.1　改造届出書に関する規定　146

　　(1) 車台番号限定　146

　　(2) 条件付認可　147

　　(3) 審査結果通知書（第2号様式）の有効範囲　147

6.2　改造届出書の作成方法　148

6.3　よく使われる証明書　148

　　(1) メーカー証明書　148

　　(2) 比重証明書　150

　　(3) 教習自動車用途証明書　150

　　(4) 溶接施工資格証明書　150

6.4　改造届出書の提出と審査結果通知書の受領　150

　　(1) 提出時の注意　153

　　(2) 審査結果通知書受領時の注意　154

目　次

資料・届出書の見本　　155
巻末資料・改造自動車の届出が必要な範囲　　167

## 参考文献

「大型トラックの設計」武田信之，山海堂，1992 年
「おはなし品質工学　増補版」矢野宏，日本規格協会，1995 年
「改造自動車等取扱いの解説」改造自動車取扱い検討委員会，交文社，1996 年
「架装要領書」日本ボルボ株式会社編，2000 年
「機械設計」益子正巳，養賢堂，1973 年
「機械設計」vol. 43　no. 13，日刊工業新聞社
「機械用鉄鋼材料」大和久重雄，産業図書，1968 年
「技術再構築」上野憲造，日本規格協会，1993 年
「技術士への誘い」本田尚士，テクノコミュニケーションズ，1992 年
「こんな経営手法はいらない」日経ビジネス編，日経 BP 社，2000 年
「自動車技術」vol. 37　no. 2，自動車技術会，1983 年
「自動車技術」vol. 52　no. 6，自動車技術会，1998 年
「自動車技術」vol. 53　no. 8，自動車技術会，1999 年
「自動車技術」vol. 54　no. 8，自動車技術会，2000 年
「自動車研究」vol. 17　no. 10，日本自動車研究所，1995 年
「自動車工学便覧」第 8 編，自動車技術会，1983 年
「自動車事故の科学」林洋，大河出版，1994 年
「自動車用ディーゼル機関」林裕・杉本和俊，山海堂，1977 年
「車体架装要領書」ダイムラー・クライスラー日本株式会社編，2000 年
「設計の経験則 101」伊豫部将三，日刊工業新聞社，1997 年
「日産ディーゼル技報」第 49 号，日産ディーゼル工業株式会社，1987 年
「ねじ締結の理論と計算」山本晃，養賢堂，1970 年
「やさしい溶接設計」太田省三郎ほか，産報，1972 年

# 第1章　改造自動車とは

　一口に改造自動車というが，単に外装を換えたものから，制動装置など重要保安部位を変更するものまで存在し，改造内容はさまざまである。
　そこで，はじめに，以降の解説の基礎となる改造自動車の定義を述べる。

## 1.1　定　義

　改造自動車を論ずる場合，改造自動車とはなにかが重要になる。これについてはさまざまな解釈が成り立つが，本書では運輸省（現・国土交通省）の通達「改造自動車等の取扱いについて」（平成7年　通達自技第239号）に示されている定義を採用し，これを基本にして以降の各論を述べていく。すなわち，

　改造自動車とは，道路運送車両法（昭和26年法律第185号）第75条第1項の規定によりその型式について指定を受けた自動車，「新型自動車等取扱要領について（依命通達）」（昭和45年6月12日自車第375号・自整第86号）により新型自動車として届出があった自動車（検査対象外軽自動車及び小型特殊自動車を除く）または「「輸入車特別取扱制度」の創設について（依命通達）」（昭和60年12月27日地審第1161号・地技第433号）により輸入車特別取扱自動車として届出があった自動車に届出が必要な改造（後述「1.3

届出が必要な範囲」に該当する改造）を行ったものをいう。

わかりにくいが要するに，"自動車メーカーが製造した標準車に対して，届出が必要な改造を加えた車両を改造自動車として扱う"ということである。また，国内で登録されたことのある並行輸入自動車であって，同様な改造を加えたものも，改造自動車として扱うとされている。

## 1.2　改造届出

改造自動車の製作者および施工者は，届出を行う義務がある。この場合の届出先は，改造内容に応じて最寄りの地方運輸局か陸運支局，または自動車検査登録事務所となっている。

①地方運輸局へ届出る場合

　地方運輸局へ改造を届出るケースは，例えば，右ハンドルから左ハンドルへの改造など大規模な改造の時と考えればわかりやすい。

　地方運輸局は，現在，全国に9ヵ所がある。北海道，東北，新潟，関東，中部，近畿，中国，四国および九州である。

②陸運支局，自動車検査登録事務所へ届出る場合

　改造届出書の提出先は，陸運支局が最も一般的である。仮に陸運支局では不適当と判断されれば，地方運輸局へ届出るように指示される。また，陸運支局は届出だけでなく，改造に関する身近な"相談窓口"でもある。

　なお，自動車検査登録事務所が開設されている地区がある。自動車検査登録事務所は，届出に関するかぎり，陸運支局と同じと考えてよい。

## 1.3　届出が必要な範囲

届出が必要な範囲を表1-1に示す(18-19ページ)。つまり，改造自動車として扱われるには，自動車メーカーが製造した標準車に対して，表1-1に示す改造を行うことが条件である。

ここで特徴的なことは，改造自動車も規制緩和によって届出の必要な範囲が大幅に縮小されていることである。例えば，ホイールサイズの変更，ブレーキ機器類の変更などは届出が不要になり，通常の車検で問題がなければよいことになった。

なお，改造範囲に関して詳細を知りたい場合には，次の文献を参照されたい。

改造自動車取扱い検討委員会編『改造自動車等取扱いの解説』(交文社，1996年)。

## 1.4 ナンバープレートが付くまでの流れ

改造自動車にナンバープレートが付くまでの一連の流れを示すと次のようになる。

①改造届出書を作成する。
②改造届出を行う――地方運輸局か陸運支局（自動車検査登録事務所）へ届出る。
③届出書面が審査される。
④審査結果通知書が発行される。
⑤車両の改造を行う。
⑥改造自動車の検査を受ける――陸運支局，もしくは自動車検査登録事務所へ車両を持ち込んで検査を受ける。
⑦自動車検査証（通称：車検証）が交付される。
⑧改造自動車にナンバープレートが付く。

## 1.5 緩和申請

緩和申請の対象は，道路運送車両法に定める保安基準の規制値を逸脱せざるを得ない車両である。産業活動や社会生活に必要であるとの理由により，規制を特別に緩和して改造を認可するように，書面で地方運輸局などへ申し

## 表1-1 改造自動車等の届出および添付資料一覧表

| 区分 | 届出先 | | | 改造内容等 |
|---|---|---|---|---|
| 改造自動車 | 支局 | (1)-① | 車枠及び車体 | フレームを有する自動車のフレーム形状を変更，及びホイール・ベース間のフレームを延長又は短縮するもの |
| | 支局 | (1)-② | 〃 | モノコック構造の車体の変更を行うもの |
| | 支局 | (1)-③ | 〃 | 二輪自動車から側車付二輪自動車に変更を行うもの |
| | 支局 | (2)-① | 原動機 | 型式の異なる原動機に乗せ換えるもの |
| | 支局 | (2)-② | 〃 | 総排気量を変更するもの |
| | 支局 | (3)-① | 動力伝達装置 | プロペラ・シャフトの変更を行うもの |
| | 支局 | (3)-② | 〃 | ドライブ・シャフトの変更を行うもの |
| | 支局 | (3)-③ | 〃 | トランスミッションの変更を行うもの |
| | 支局 | (3)-④ | 〃 | 駆動軸数の変更を行うもの |
| | 局 | (3)-⑤ | 〃 | 駆動軸への動力伝達方式の変更を行うもの |
| | 局 | (4)-① | 走行装置 | 走行方式の変更を行うもの |
| | 支局 | (4)-② | 〃 | フロント・アクスル又はリヤ・アクスルの変更を行うもの |
| | 支局 | (4)-③ | 〃 | 軸数の変更を行うもの |
| | 局 | (5)-① | 操縦装置 | かじ取りハンドルの位置の変更を行うもの |
| | 局 | (5)-② | 〃 | 操舵軸数の変更を行うもの |
| | 支局 | (5)-③ | 〃 | リンク装置の変更を行うもの |
| | 局 | (5)-④ | 〃 | かじ取り操作方式の変更を行うもの |
| | 局 | (6) | 制動装置 | 制動方式の変更を行うもの |
| | 支局 | (7)-① | 緩衝装置 | 緩衝装置の種類の変更を行うもの |
| | 支局 | (7)-② | 〃 | 緩衝装置の懸架方式の変更を行うもの |
| | 支局 | (8) | 連結装置 | けん引自動車の主制動装置と連動して作用する構造の主制動装置を備える被けん引自動車又はこれをけん引するけん引自動車の連結装置の取付け，連結器本体の変更又は改造を行うもの |
| | 局 | (9) | 燃料装置 | 燃料の種類を変更する改造を行うもの |
| 試作車 | 局 | | | |
| 組立車 | 局 | | | |

注：主要諸元要目表は，「「輸入車特別取扱制度」の創設について」（昭和60年地審第1161号・地技第433号）に準じた様式とする。

・制動能力計算書欄の※は，駐車ブレーキに係るもののみとする。

1.5 緩和申請

(出典：『改造自動車等取扱いの解説』交文社，1996 年)

| 届出書 | 改造等概要説明書 | 主要諸元要目表 | 外観図 | 改造部分詳細図 | 車枠(車体)全体図 | 最大安定傾斜角度計算書 | 制動能力計算書 | 走行性能計算書 | 最小回転半径計算書 | 車枠(車体) | 動力伝達装置 | 走行装置 | 操縦装置 | 制動装置 | 緩衝装置 | 連結装置 |
|---|---|---|---|---|---|---|---|---|---|---|---|---|---|---|---|---|
| | | | 添 | 付 | 資 | 料 | | | | 強 | 度 | 検 | 討 | 書 | | |
| | | | | | | 計 | 算 | 書 | | | | | | | | |
| ○ | ○ | | | ○ | ○ | | | | ※○ | ○ | | | | | | |
| ○ | ○ | | | ○ | ○ | | | | ※○ | ○ | | | | | | |
| ○ | ○ | | | ○ | ○ | | ○ | ※○ | | ○ | | | | | | |
| ○ | | | | | ○ | | | | | | ○ | | | | | |
| ○ | | | | | ○ | | | | | | ○ | | | | | |
| ○ | | | | | ○ | | | | | | ○ | | | | | |
| ○ | | | | | ○ | | | | | | ○ | | | | | |
| ○ | | | | | ○ | | | | | | | | | | | |
| ○ | | | ○ | ○ | | | | | | | | | | | | |
| ○ | | | | | ○ | | | | | | ○ | | | | | |
| ○ | ○ | | | ○ | ○ | ○ | | | | | ○ | | | | | |
| ○ | ○ | | | ○ | ○ | | | | | | | | | | | |
| ○ | ○ | | | ○ | ○ | | | | ※○ | | | | | | | |
| ○ | | | | | ○ | | | | | | | ○ | | | | |
| ○ | | | | | ○ | | | | | | | ○ | | | | |
| ○ | | | | | ○ | | | ○ | | | | ○ | | | | |
| ○ | | | | | ○ | | | | | | | ○ | | | | |
| ○ | | | | | ○ | | ○ | | | | | | | ○ | | |
| ○ | ○ | | | ○ | | | | | | | | | | | ○ | |
| ○ | ○ | | | ○ | ○ | | | | | | | | | | ○ | |
| ○ | ○ | | | ○ | | | | | | | | | | | | ○ |
| ○ | ○ | | | ○ | | | | | | | | | | | | |
| ○ | ○ | ○ | ○ | ※○ | ○ | ○ | ○ | ○ | ○ | ○ | ○ | ○ | ○ | ○ | ○ | ○ |
| ○ | ○ | ○ | ○ | ※○ | ○ | ○ | ○ | ○ | ○ | ○ | ○ | ○ | ○ | ○ | ○ | ○ |

・最小回転半径計算書欄の※は，ホイール・ベースを延長した場合に提出するものとする。
・試作車又は組立車の場合の改造部分詳細図は，「新型自動車等取扱要領について」(昭和45年 自車第 375 号・自整第 86 号) の別表 3 (6) に準じたものとする。

出る。

　緩和申請は一般に，乗用車ベースの改造自動車の場合はほとんどない。大型トラックに改造を加えた大型車両が主であり，例えば，分解不能な重量物を運ぶ重トラクターの総重量緩和や，除雪プラウを装備した除雪トラックの全幅緩和などである。こうした社会に必要な車両には，一定の条件を付したうえで緩和が認められている。緩和が認められる改造は，このほか，全長，全高，軸重などに関するものがある。

　ただし，緩和車両は多くの場合，所轄の警察署から走行許可を得る際に，走行経路や走行時間，先導車配備などの条件が付く。

## 1.6　監督官庁との関係

　改造自動車を管轄する官庁は国土交通省であり，現実には地方運輸局の下にある陸運支局が実務の多くを担っている。

　ところが，陸運支局は，改造自動車メーカーの担当者から敷居が高いと思われている。

　だが，独立行政法人化の動きがあって，行政サービス機関として脱皮しようと努力する陸運支局も現れている。また，担当官は，通常，2～3年で人事異動によって交代し，着任当初はメーカーの意見を理解することに時間がかかるかもしれない。しかし，設計と改造にあたっては必ず届出が必要になるので，よくわからない事柄を事前に相談できる関係をつくっておくことは，業務を円滑に進めるうえで双方にとって大切であり，効果もあると認識する必要がある（ただし，官民の癒着を奨励しているわけではない）。

　行政機関である陸運支局は，改造自動車メーカーから寄せられる相談などに対しては"指導"（この言葉自体が硬すぎるが）の形で応えなければならないとされており，これを前向きに捉えることが今後ますます重要になってくる。

## 1.7 本書が取り扱う範囲

　前にも述べたが，改造自動車も規制緩和によって届出を必要とする範囲が縮小しつつあり，届出を行わなくてよい項目が増加する傾向にある。

　しかし，法律上は届出が不要であっても，実際の車両の登録時には，変更を加えた部分に関する参考資料の提出を求められることがあり，改造届出と同等に扱われるケースも少なくない。

　読者の便宜を考えると，例えば，教習車や防爆車などは，現在の規定によると届出なくてもよいが，これらの車種はいままで改造届出の対象であったことを勘案し，本書のなかでは改造自動車として扱っている。

# 第 2 章　関連法規と法規制

　改造自動車は広範な用途に供されるため，各種の法規制の対象になる。その規制の枠内で，最も効率的で用途に適した改造自動車をつくることが，メーカーに課せられた使命である。
　以下，業務に不可欠な法規について，そのポイントを述べていく。

---

## 2.1　総　論

　法規は，表現がわかりにくくて近づきがたい。しかし，認可の取得に重要な関連を持っており，代表的なものは理解しておく必要がある。
　法規を諳（そら）んじている必要はないのだが，少なくとも基本的な体系は理解して，必要に応じて適切に参照してほしい。

(1) 法体系
改造自動車に関する法体系は次のようになっている。
①法　律
　　道路運送車両法（昭和26年　法律第185号）
　　道路運送車両法は，公道を走るすべての車両に適用される。この法律に適合しないと，公道は走れない。
②政　令
　　道路運送車両法施行令（昭和26年　政令第254号）

道路運送車両法施行令（政令）は，上記の道路運送車両法（法律）の下位にあり，法律よりも細部に関する事項を定めている。

③省　令

道路運送車両法施行規則（昭和26年　運輸省令第74号）

道路運送車両の保安基準（昭和26年　運輸省令第67号）など

省令は，運輸省が上記の法律や政令に基づき公布したものである。公道を走る車両の構造，強度など，遵守すべき基準を定めている。

④通　達

通達は，運輸省が上記の省令などに基づいて公布したものである。下位の扱いではあるものの，改造要領などに関して一層具体的に定めている。したがって，改造に携わる者にとっては，省令やこの通達と接する頻度が最も高く，法規といえば，これらを指すといっても過言ではない。以下，代表的な通達を示すと，

　a）改造自動車等の取扱いについて（平成7年　通達自技第239号）

　　　この通達は，改造届出書を提出すべき改造内容，届出書の提出方法などを定めている。

　b）「改造自動車等の取扱いについて」に係る細部取扱いについて（平成7年　通達自技第240号）

　　　この通達は文字通り，前項の通達を補足するものである。さらに細かな部分について具体的に定めている。


(2) 法規への対応に関する注意点

改造は常に，最新の規定を遵守して，これに合致させる必要がある。実務においては，最新の法規を常時取り揃えておき，内容をその都度確認するよう普段から習慣づけておくことが望ましい。環境問題への対応が叫ばれるなど時代の変化に伴って，法規も改正が相次いでいることを勘案すれば，このことはおのずと理解できるだろう。

24　第2章　関連法規と法規制

| 法律名 | 道路交通法 | 道路運送車両法 保安基準 | 道路法 車両制限令 |
|---|---|---|---|
| 関係省庁 | 国家公安委員会 （警察庁） | 国土交通省 （旧運輸省） | 国土交通省 （旧建設省） |
| 長さ | $l$m　　$l$×0.1<br>$l$m　　$l$×0.1<br>25m<br>27.5m | 12m<br>12m<br>12m | 12m<br>12m<br>高速自動車国道ではセミトレーラ16.5m，フルトレーラ18mまで可 |
| 幅 | 積載物 車体幅からはみ出し不可 | 2.5m | 積載物 2.5m |

図2-1　道路関連3法．車両の大きさや重量などに関する各規制値

(3) 道路関連3法

　改造自動車は各種の法規制の対象になり，すべてを紹介するわけにはいかないが，ここでは，関連事項の検討や設計時によく参照される道路関連3法を取り上げる．

　改造自動車のみならず，すべての自動車にとって関係が深い道路関連3法とは，道路法，道路交通法，道路運送車両法の3種の法律を指している．すなわち，

　道路法は建設省（現・国土交通省）の管轄で，道路や橋梁などに関する法律である．

| 法律名 | 道路交通法 | 道路運送車両法 保安基準 | 道路法 車両制限令 |
|---|---|---|---|
| 関係省庁 | 国家公安委員会 (警察庁) | 国土交通省 (旧運輸省) | 国土交通省 (旧建設省) |
| 高さ | 3.8m | 3.8m | 3.8m |
| 重量 | 車検証に記載された積載量を超えないこと | 車両総重量 ≦ 25トン<br>軸 重 ≦ 10トン<br>輪荷重 ≦ 5トン<br>タイヤ許容荷重以下 | 車両総重量 ≦ 25トン<br>軸 重 ≦ 10トン<br>輪荷重 ≦ 5トン |
| 最小回転半径 | 規定なし | 12m以下 | 12m以下 |
| 車両単位 | 1台 | 1台　1台 | 1台 |

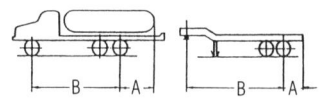

A：車体のリヤオーバーハング
B：ホイールベース
＊Aには，バンパ等の付属品を含まない

| 単車 GVW | 25t以下 |
|---|---|
| 連結車 GCW | (トラクタ トレーラ 第5輪) 20t + 28t − 荷重 以下 |

GVW：単車の車両総重量
GCW：連結車の連結状態の車両総重量

| 単車 GVW | 25t以下 | |
|---|---|---|
| セミトレーラ GCW およびフルトレーラ GCW | 高速自動車国道 | 36t以下 |
| | その他の道路 | 27t以下 |

　道路交通法は国家公安委員会の管轄で，道路の通行に関することや免許証などに関する法律である。

　道路運送車両法は運輸省（現・国土交通省）の管轄で，自動車の構造などに関する法律である。

　以上の3法の概要と相互の関連を図2-1に示す。

## 2.2　消防車

　消防車に関係する法規は，省令に基づく消防法施行規則に"動力消防ポン

プの技術上の規格"が定められ，さらに"消防検定制度"がつくられている。

なお，放水ポンプなど消防装置本体は，消防法，消防法施行令，消防法施行規則などが適用されるが，改造とは直接関係しないので，ここでは省略する。

(1) 動力消防ポンプの技術上の規格

車両に関する主な規格は，以下のようになっている。

① 全負荷状態で8時間連続耐久運転を行った時，機関の出力および回転速度の減衰がないこと。

② 機関の温度が－20℃という条件下でも，始動操作を開始してから45秒以内に始動すること。

③ 燃料タンクは，規格放水を行った時，1時間以上の連続放水運転が可能な容量であること。

なお，①の出力性能に関しては，自動車の走行用機関が消防用機関も兼ねている。そこで余裕を持たせるために，消防用機関の出力を走行用機関の出力よりも15％程度低めに設定し，出力性能を保証する。例えば，自動車用機関が150 ps の場合なら，消防用機関は130 ps 前後にしている。

(2) 消防検定制度

消防検定制度は，わかりやすくいうならば，所定の性能を確保するため，消防用の機械や器具を事前に検定することである。

具体的には，試験と検査を行う機関として，消防法に基づいて特殊法人・日本消防検定協会が設けられ，検定や鑑定などを行っている。

検定は，技術上の規格に基づいて，指定された検定品目を検査して，合否を判定するものである。鑑定は，技術基準に基づいて，検定品目以外の機械や器具の見定めを行うものである。

①検定品目

　検定品目は，消防法施行令第37条で決められている。

②検定の構成

　検定は，型式承認と個別検定に分けられており，型式承認は，検定協会の試験結果に基づいて所管の大臣が行うものである。個別検定は個々の製品に関して，型式承認された機器などと形状や性能が同じかどうかを検査する。個別検定は，通常，製造工場において行われる。

③鑑定品目

　鑑定品目は，前述の検定品目以外の機械や器具が対象になり，例えばポンプ車なども鑑定品目になっている。

④鑑定の構成

　鑑定は，型式鑑定と個別鑑定に分けられている。型式鑑定は，技術基準に基づいて，構造，機能，性能などについて試験を行い，基準に適合するか否かを見定める。個別鑑定は個々の製品に関して，型式鑑定適合品と性能などが同じかどうかを試験して，同じであれば合格の表示がなされる。

## 2.3　教習車

教習車に関する法規では特徴的な規定として，"車格規定"や"教官ブレーキ規定"がある。

### (1) 車格規定

　車格規定のもととなる条文は，道路交通法施行規則24条5項（昭和35年総理府令第60号）である。本施行規則は，運転免許試験場で使用する車両の大きさ（免許試験車として使用する車両の全長や全幅など）を定めている（表2-1）。

表 2-1 運転免許試験車両基準

| 免許の種類 | 自動車の区分 | 車体の大きさ等 | | | 装置 |
|---|---|---|---|---|---|
| | | 長さ(m) | 幅(m) | 軸距(m) | |
| 大型第二種免許 | 乗車定員30人以上のバス型の大型自動車 | 8.20以上 9.30以下 | 2.40以上 2.50以下 | 4.20以上 4.40以下 | 補助ブレーキを有するものであること。 |
| 大型免許及び大型仮免許 | 最大積載量5,000キログラム以上の大型自動車 | 7.00以上 7.80以下 | 2.25以上 2.40以下 | 4.10以上 4.40以下 | 〃 |
| 普通第二種免許，普通免許及び普通仮免許 | 乗車定員5人以上の普通乗用自動車で長さが4.40メートル以上，幅が1.69メートル以上，軸距が2.50メートル以上，輪距が1.30メートル以上のもの | 4.70以下 | 1.70以下 | 2.70以下 | 1 補助ブレーキを有するものであること。 2 自動変速装置を有するものでないこと。 |
| 二輪免許 | 総排気量0.700リットル以上の自動二輪車（中型限定二輪にあっては総排気量0.300リットル以上0.400リットル以下のもの，小型限定二輪にあっては総排気量0.100リットル以上0.125リットル以下のもの。 | 総排気量0.700リットル以上の自動二輪車については総排気量がおおむね0.750リットルで，かつ，車両重量200キログラム以上のもの（総排気量0.300リットル以上0.400リットル以下の自動二輪車については，車両重量140キログラム以上のもの。） | | | オートバイ型とする。 |
| けん引免許 | けん引されるための構造及び装置を有する車両（以下「被けん引車」という。）をけん引するために使用される普通自動車でもっぱら被けん引車（最大積載量5,000キログラム以上のものに限る。）をけん引しているもの | | | | けん引車は四輪の普通自動車（車両総重量8,000キログラム未満，第五輪荷重5,000キログラム未満，乗車定員11人未満）に限る。 |
| 大型特殊免許 | 車両総重量5,000キログラム以上の車輪を有する大型特殊自動車で20キロメートル毎時をこえる速度を出すことができる構造のもの（カタピラを有する大型特殊自動車のみを運転しようとする者については，車両総重量5,000キログラム以上のカタピラを有する大型特殊自動車。） | | | | |

### (2) 教官ブレーキ規定

道路運送車両法施行規則（昭和26年　運輸省令第74号）に基づく「自動車の用途等の区分について（依命通達）」は，特種用途自動車の細目中に，教習車の教官ブレーキに関して，「助手席にて操作できる補助ブレーキを有するものであること」と定めている。

警察庁運転免許技能試験実施基準のなかにも「試験車両基準」があり，ここにも同じ内容の規定がある。

なお，教官ブレーキの具体的な構造は，第3章で取り上げる。


### (3) 公安委員会の教習車証明書（昭和63.8.4通達　地技第174号）

教習車の用途は大きく分けて二つあり，自動車学校（自動車教習所）の教習車，あるいは運転免許試験場の免許試験車として使われている。需要も，それらの場所での代替更新が主流である。

民間の自動車学校が車両を登録する場合，公安委員会（都道府県警察本部）が発行する「指定自動車教習所路上教習用自動車証明」，いわゆる"教習車証明書"が必要になる。ただし，この証明書自体は，改造の技術的な面とは関係がない。

見本を第6章に示す（151ページ）。


### (4) 用途による違いの有無

教習車と免許試験車を比べると細部の仕様は異なるが，基本仕様は差がなく，ほとんど同じと考えてよい。


## 2.4　除雪トラック

除雪トラックに関する法規は，車両を登録する際の手続きに関するものが多い。

### (1) 緩和申請

除雪トラックは，第1章で触れた緩和申請の対象になる。

例えば，除雪プラウを装着すると車両の全幅は3.5〜4.3mにも達し，保安基準規制値の2.5mを超えるから，全幅に関する緩和申請が必要である。

なお，通常は，申請を許可する条件として，車体後部とキャビン（運転台）のなかの見やすいところに車幅を表示するように指示される。

### (2) 諸元表の「2段書き」

冬季以外は除雪プラウを取り外し，ダンプトラックとして活用される。除雪プラウを装着するかしないかで，車体の重量が大きく変わり，重量税も税額が大幅に異なってくる。

そこで，冬期仕様である除雪プラウのある重量と夏期仕様である除雪プラウを取り外した重量を，登録諸元表に「2段書き」して検査を受けて，季節によって使い分ける方式を採っている。

こうすると，税金も月割りで計算されるので，合理的な運用が可能になる。

## 2.5 防爆車

防爆車とは，読んで字の如く爆発を防止する車のことをいう（"妨爆"と表現することもある）。可燃物に引火して爆発するのを防ぐため，自分自身が発火源とはならないような特殊な構造を持っている。

ただし，現実には"爆発させない車"ではなく，"爆発させにくい車"であると表現するほうが適切である。詳しくは，後述・第3章。

### (1) 関連法規

防爆車に関する法規には以下のものがある。

①火薬類取締法（法律第149号）
②通産省告示第58号第12条
③蓄電池車およびディーゼル車の基準

(2) 規　格
前述の法規に対応するため，防爆車特有の改造は，主に次の2点である。
①排気温度を80°C以下に下げる。
②消焔装置を取り付ける（火の粉の発散防止策）。

また，関連する改造として，電気コネクター部に接着剤を充填することもある。

防爆車の要求事項を表2‑2にまとめて示す。これらの装置の具体的な構造に関しては，第3章で取り上げる。


## 2.6　防弾車

我が国の場合，本格的な防弾車は自衛隊の装甲車として厳格に管理されており，技術情報も防衛上の理由からほとんど公開されていない。

一方で，本格装甲車ほどの装備は必要ないが，防弾装備を施した車両は，警察や警備会社などから要望がある。

これらの車両はいわゆる簡易装甲車のカテゴリーに入り，一般的には4WD車または2トントラックをベースにし，警備車や現金輸送車に改造される。


(1) 防弾規格
現在，我が国には民間での用途を想定している防弾規格は存在しない。また，国内で弾丸の耐貫通性を試験することは困難なため（自衛隊と警察以外，狩猟とクレー射撃を除けば発砲は禁止されている），アメリカで標準的

**表 2-2　防爆車仕様表**（通産省告示第 58 号第 12 条）

| 条項 | 規制内容 | 具体的な対応例 |
|---|---|---|
| 第 12 条一 | 車輪にはゴムタイヤを使用すること | |
| 第 12 条四 | 電動機整流子，制御器，電気開閉器，電気端子その他火花を生ずる恐れのある電気装置には，適当な覆いがされていること | 整流子などはカバーで覆う<br>ランプ破損時のフィラメント露出に対しては防護枠装着<br>電線カプラ部にシリコン接着剤充填 |
| 第 12 条五 | 電気配線は，キャブタイヤケーブルを使用し，接続部分が振動によって緩まないような構造となっており，配線相互間および配線と車体間の絶縁が十分に保たれて定着されていること | キャブタイヤケーブルの代わりに，JIS C 3406 低圧電線ケーブル使用<br>コルゲートチューブ全線巻きクランプ |
| 第 12 条 2 一 | 機関は 2 号軽油を燃料とするディーゼル機関とすること | |
| 第 12 条 2 二 | 排気管および消音器は継ぎ目その他から排気の漏れがなく，荷台の下面からの距離 200 mm 未満の部分には適当な防熱装置が施されていること | 排気管の継ぎ目にクランプ使用<br>200 mm 以上のクリアランス確保 |
| 第 12 条 2 三 | 排気管は，排気ガス温度が 80 度以下に保たれる排気ガス冷却装置および消焔装置が取り付けられており，荷台の後端において開口していること | 水マフラー装着<br>スパレスター装着<br>排気管後方延長 |

に用いられている"NIJ"規格が準用される。NIJ とは，National Institute Justice の略で，アメリカの保安に関する研究機関のことである。

(2)規格適合証明

防弾車の性能を実車で試験することは費用の面で困難である。そこで，防弾板など単体で銃弾の耐貫通試験を実施し，この試験結果で代用的に証明しているケースがほとんどである。

## 2.7 LPGローリー車

LPGローリー車に関しては，改造にのみ限るなら，いわゆる自主規制に該当するものがほとんどである。ただし，以下に述べるが，危険物を規制する多数の法規が関係し，全体としては複雑なものとなっている。

(1)関連法規
① 高圧ガス保安法（昭和26年　法律第204号）
② 液化石油ガス法（昭和24年　法律第149号）
③ 特定ガス消費機器の設置工事の監督に関する法律（昭和54年　法律第33号）
④ 液化石油ガスの保安の確保及び取引の適正化に関する法律
⑤ 液化石油ガス法施行規則第64条第1項　技術上の基準
⑥ 自主規制

(2)改造に関係する法規制
以下に示す要求を満たす必要がある。
① 誤発進防止装置を備えること。
② 原動機緊急停止装置を備えること。

③原動機からの火の粉の発散を防止するため,消焔装置を備えること。
④ポンプの接続と切断を遠隔操作できること(民生用3トン未満の場合)。
⑤静電気災害防止措置(アース線との接続)ができること(工業用3トン以上の場合)。

**(3) LPガスの配送方式との関連**

LPGローリー車に密接に関連する事項として,LPガスの配送方式について述べておく。

①バルク配送方式

バルク(ばら積み)ローリーによる配送方式で,欧米各国では同方式が80～90%と著しく普及している。ボンベなどの容器配送方式は,一部の地域に限られる。このため,欧米ではLPGローリー車の技術が向上した。

②容器配送方式

ボンベによる配送方式で,現時点では我が国の主流である。しかしながら,経費が安いバルク配送方式が増えている。


## 2.8 その他の車両

いままでに取り上げてこなかった改造自動車に関して述べていく。

**(1) 車両運搬車**

①前提条件

車両運搬車は,トレーラー形式を除けば,規制値の限界である全長12m,全高3.8mの範囲内で,次の二つの条件を満たす車両としてつくられる。

a) できるだけ多くの車両を積めること。
b) 積載車両が自力で出入りできること。

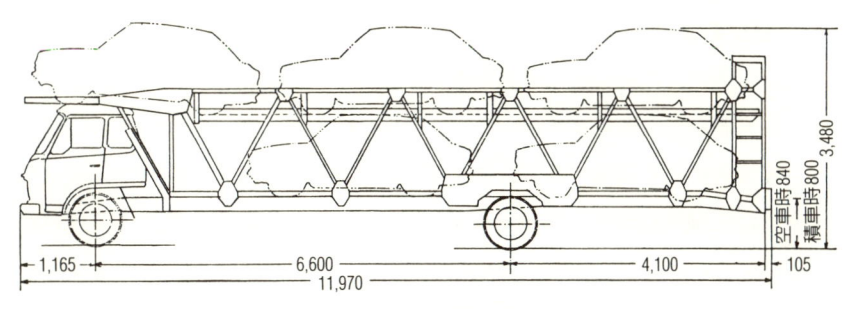

図 2-2 車両運搬車

代表的事例を図 2-2 に示す。

②関連法規（自技第 154 号）

　a) ROH は軸距の 3 分の 2 まで認められる（一般のトラックなどは 2 分の 1 まで)。

　　なお，ROH とは，リヤオーバーハング（Rear Over Hang）の略で，リヤアクスル中心から車両の後端までの距離をいう。図 2-1 および図 2-2 参照。

　b) 後部扉を閉めた時，扉の隙間から積載車の一部が突き出ないこと。

　c) 上段扉の高さは 45 cm 以上であること。


(2) 空港用構内車

　空港用構内車は，構内専用と割り切れば，厳密にはナンバー登録は不要である。しかし，空港用の指定通路は公道に指定されている部分もあり，現実には公道も走行できるよう，正式なナンバープレート（車両登録標）を取得する。

　空港用構内車に関しては，車両の機能を大幅に変えなければならない規制はない。

(3) 福祉車両

福祉車両は，次の二つに分けられる。

① 障害者が自ら運転する車

　障害者が自ら運転する車に関しては，生産台数が少ないためか，明文化された規制は見当たらない。しかし，届出が必要な改造に該当する項目が多くあり，例えば，手だけで運転できるようにする改造ならば，必ずブレーキなどの改造を伴っている。そのため，改造届出が必要であり，改造内容に関して地方運輸局などに相談することになり，この時に，安全性などについての"指導"を受ける。

　この"指導"（現実にはメーカーと局の双方が打ち合わせして内容を決めていく）に則して検討を進める必要がある。

② 介護補助装置付福祉車両

　介護補助装置付福祉車両に関しては，届出が必要な改造項目がなければ，届出は無用である。

　介護補助装置については，標準車メーカーが本腰を入れはじめ，PL法に準拠するとともに，業界の自主規格などが整備され，努めて充実が図られている。これは，改造自動車の範囲を越えるので，本書では省略する。

# 第3章　改造自動車の特別構造

　改造自動車の製作は，一般にトラックがベースになっている。
　本章では，改造自動車を特徴づけているそれぞれの構造に関して，ポイントを車種ごとに述べていく。

---

## 3.1　各車種に共通する構造

　改造自動車の多くは，架装物を動かすためにエンジンから動力を取り出している。この動力取出装置を"Power Take Off"（以下，PTO）という。PTOには，以下に示すような種類がある（図3-1）。

### (1) トランスミッション **PTO**

　改造自動車のPTOでは，これが最も多くなっている。主に，停車中に動力を取り出すものである。
　具体的には，トランスミッションの側面に窓を設け，これにPTOギアボックスを取り付けて，このボックスのギアとトランスミッションのカウンターギアかリバースアイドラギアを噛み合わせ，動力を取り出す仕組みになっている。PTOの出力軸からはドライブシャフトを介して油圧ポンプなどの駆動物を駆動する。
　トランスミッション側面の取出し窓の強度によって，取出しが可能な

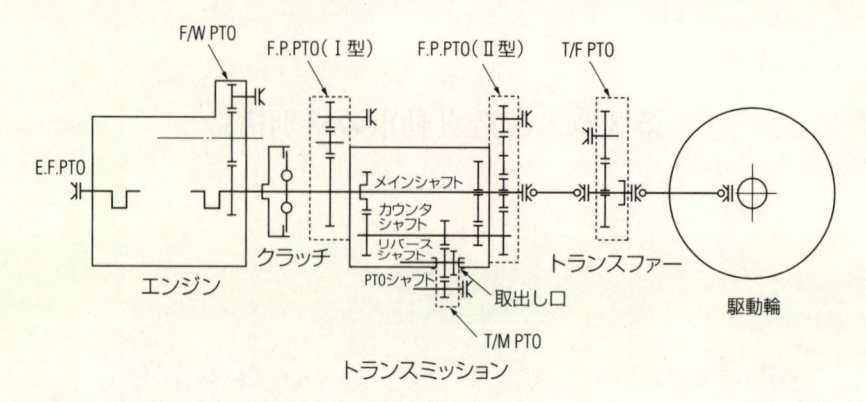

38　第3章　改造自動車の特別構造

```
        F/W PTO    F.P.PTO(Ⅰ型)  F.P.PTO(Ⅱ型)   T/F PTO
```

E.F.PTO

メインシャフト
カウンタシャフト
リバースシャフト
PTOシャフト　　取出し口
T/M PTO

エンジン　　クラッチ　　トランスミッション　　トランスファー　　駆動輪

E.F.PTO ：エンジンフロントPTO
F/W PTO ：フライホイールPTO（エンジンリヤ）
F.P.PTO ：フルパワーPTO
T/F PTO ：トランスファーPTO
T/M PTO ：トランスミッションPTO

図 3-1　PTO

PTO出力軸のトルクに限界がある。また，取付けスペースの関係で，エンジンの回転速度に対する減速比が制約される。

### (2) フライホイールPTO

エンジン後部のフライホイールに歯車を設け，これに取り付けたギアボックスから動力を取り出すものである。

比較的大きなトルクを取り出せて，なおかつ走行中も使えるので，コンクリートミキサー車など，走行中も動力を必要とする車両で使われている。

### (3) トランスファーPTO

トランスミッションの前または後ろ側にトランスファー（副変速機）を設けるか，プロペラシャフトの中間部分に専用のギアボックスを設置する。

汚泥吸引車など，停車中のみ作業を行い，かつ大馬力を必要とする場合に採用される。

(4) エンジンフロント PTO

エンジン前部のクランクシャフト先端部から動力を取り出す方法である。ファンベルト部やラジエーター部の変更を要するとともに，スペース面でも制約がある。

走行中も常時作業を行う車両に適している。比較的小型の車両に採用例が多い。

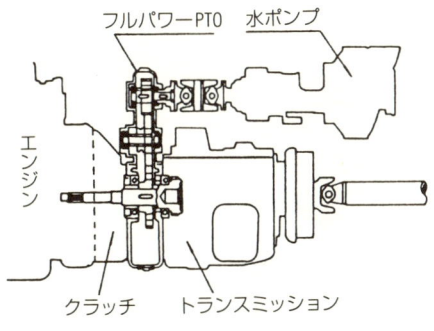

図 3-2 フルパワー PTO の構造例

## 3.2 消防車

ここでは，消防車のなかで台数が最も多いポンプ車を代表として取り上げる。

(1) 全出力動力取出装置（通称：フルパワー PTO）

ポンプ車が放水活動を行う際には，大きなパワーを必要とする。全出力動力取出装置は，停車した状態で，放水ポンプを駆動するため，エンジンの全出力を使えるようにした装置のことである。

この装置は，クラッチとトランスミッションの間に追加装着された専用のギアボックスと，ギア切替機構の二つの要素から成っている。ギア切替機構は，プッシュプルケーブルを用いる手動型と，エアシリンダーを電磁弁で切り替える電動型がある。

本装置の参考例を図 3-2 に示す。

(2) 補助冷却装置

ポンプ車が全力で放水活動を行うと，停車した状態で使うため，エンジン

がオーバーヒート気味になることがある。補助冷却装置は，これを防止する目的で，追加装着するものである。消防用水の一部を熱交換用冷却水として利用する水冷式が一般的である。

なお，近年はエンジンの冷却性能が向上し，補助冷却装置を必要としない車種もある。だが，装着を規定している使用者（消防署）が依然として多いので，省略しにくい現実がある。

本装置の参考例を図3-3に示す。

### (3) ダブルキャブ

消化活動のための機材と要員を同時に搬送するために，通常のキャビン（運転台）を後方に延長し，後部座席を追加装着したキャビンである。キャビンのダブルキャブ化により，後部座席に3～4名分の座席を確保する。

本装置の参考例を図3-4に示す。

### (4) 警告装備と通信機器

通信機器には，専用無線やナビゲーションシステムがある。警告装備は，緊急サイレンや散光式警告灯などがある。

特に警告装備は，車体の赤い色とともに緊急自動車であることを知らせる重要

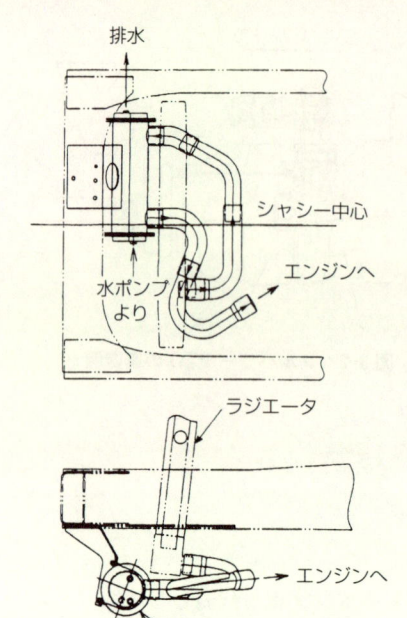

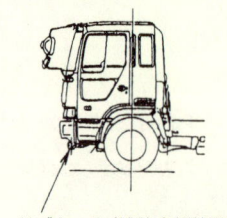

図3-3 補助冷却装置
(出典：宮寺敏行「消防車－消火・人命救助の頼もしい道具」，『自動車技術』1998年6月号，社団法人自動車技術会)

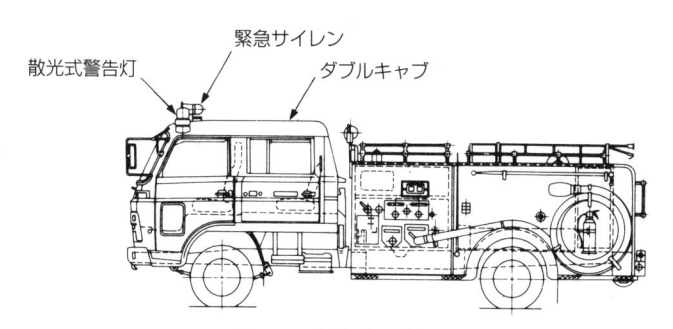

**図 3-4　消防ポンプ車**
(出典：『新編　自動車工学便覧』第 8 編，社団法人自動車技術会，1983 年)

な要素として定着している。

　警告装備などの参考例は，前掲・図 3‒4 に示した。


(5) オイルパンヒーター

　寒冷地などでは，通常，エンジンの始動性が悪化し，オイルの潤滑性も低下する。そのため，エンジンを始動してからすぐ走るのは，困難な場合が少なくない。

　しかしながら，消防車両は要請があれば直ちに出動する必要があり，エンジンオイルを常時保温するために，オイルパンヒーターを使用する。

　通常，ヒーターには車庫の交流電源から電力が供給されている。また，オイルパンヒーターと同じ目的を持つものとして，エンジンブロックヒーターがある。これは，エンジンの冷却水を常時保温するものである。

　なお，これらのヒーターは寒冷地での使用が主であり，例えば東京消防庁では装着していない車両が多い。


(6) 特殊動力取出装置(ダンパー付 PTO，またはパワーディバイダー)

　空港用化学消防車のように走りながら放水や発泡を行う車両は，放水開始時の急激な衝撃荷重によって，エンジンなどが破損する恐れがある。このよ

うな場合は，破損を防止するために，動力取出装置にダンパー機能を付加した"特殊な動力取出装置"を装備する。

具体的には，動力取出装置部にダンパーとして油圧クラッチを組み込むことが普通である。

本装置を図3-5に示す。

## 3.3 教習車

教習車といえば，一般的には普通乗用車を連想するが，ここでは大型教習車や牽引用教習車を取り上げる。

### (1) 教官用補助ブレーキ

教習車を教習車ならしめる最大の特徴が，教官用補助ブレーキである。通常，大型車のブレーキは，圧縮空気による倍力作用を利用している。このため，教官用補助ブレーキの装着は，比較的簡単に行える。

具体的には，運転者用のブレーキバルブと同じものを助手席側に取り付けて，このバルブにダブルチェックバルブを介して空気配管をつなげる。

本装置の参考例を図3-6に示す。

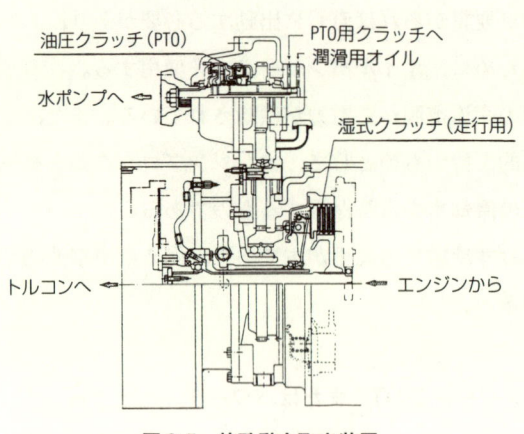

図3-5 特殊動力取出装置

### (2) 教官メーター

教官が車速を把握するため，速度計を助手席(教官席)側のダッシュボード上面に取り付ける

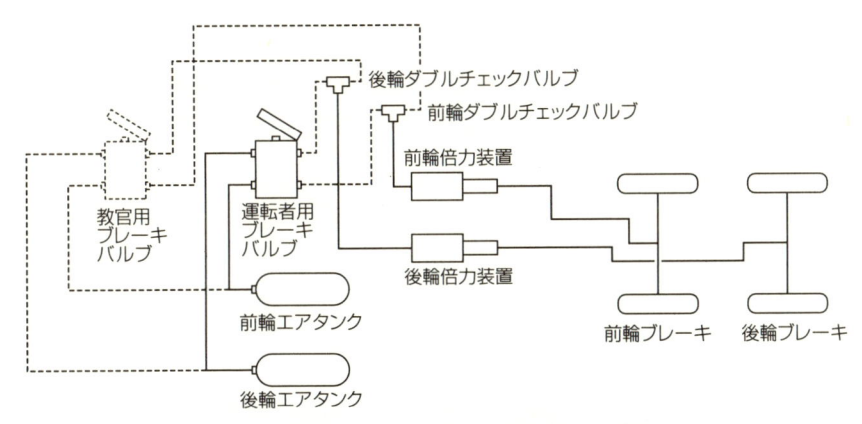

図 3-6　教官ブレーキ改造例．破線部分が改造部

(エンジン回転計を装着する例もある)．

　この場合，車速信号は通常の運転者用を分岐して用いるが，速度計用ケーブルの中間に分配ギアボックスを装着する従来の方式に対して，近年は電気式速度計の普及に伴い，車速センサーからの信号線の増設だけで対応するようになっている．

(3) 教官ミラー

　運転者用のミラーとは別に，教官が後方を確認するため，教官専用のミラーを取り付ける．大型車や牽引車は後写鏡や直前鏡など標準状態でもすでに多くのミラーが付いている．そこに，さらにミラーを付け足すわけだから，ミラーの視認性と振動に対して十分な配慮が必要である．

(4) その他の装備

① 仮免許練習中の標識

　仮免許練習中であることを表示する標識は，道路交通法施行規則第15条の3と第16条に，表示方法と様式が決められている．

　具体的形状を図3-7に示す．

44　第3章　改造自動車の特別構造

② 「路上教習中」などのプレート

　路上教習中などのプレートについては，法規上は規定がないが，専門メーカーから推奨プレートが市販されているので，これらを利用するのも一つの方法である。

## 3.4　除雪トラック

　除雪トラックは大型トラックを改造してつくられており，幹線道路の初期高速除雪作業車として使い勝手が優れている。また，春から秋には作業車としても使用でき，除雪専用グレーダなどと比べて稼動効率が格段によい。ここでは，除雪トラックの特別構造を取り上げる。

### (1) 車両前方のフレーム補強

　除雪用のプラウを装着するため，運転席より前側のフレーム補強が重要で

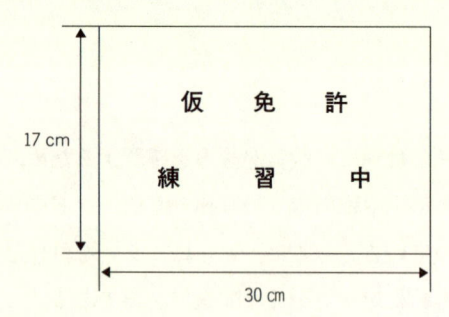

　　　　　　　　　仮　免　許
　　17 cm
　　　　　　　　　練　習　中

　　　　　　　　　　30 cm

備　考
1. 金属，木その他の材料を用い，使用に十分耐えるものとする。
2. 文字の色彩は黒，地の色彩は白とする。
3. 「仮免許」のそれぞれの文字の大きさは，縦および横それぞれ4 cm，文字の線の太さは0.5 cmとし，「練習中」のそれぞれの文字の大きさは，縦8 cm，横7 cm，文字の線の太さは0.8 cmとする。

図3-7　仮免許練習標識

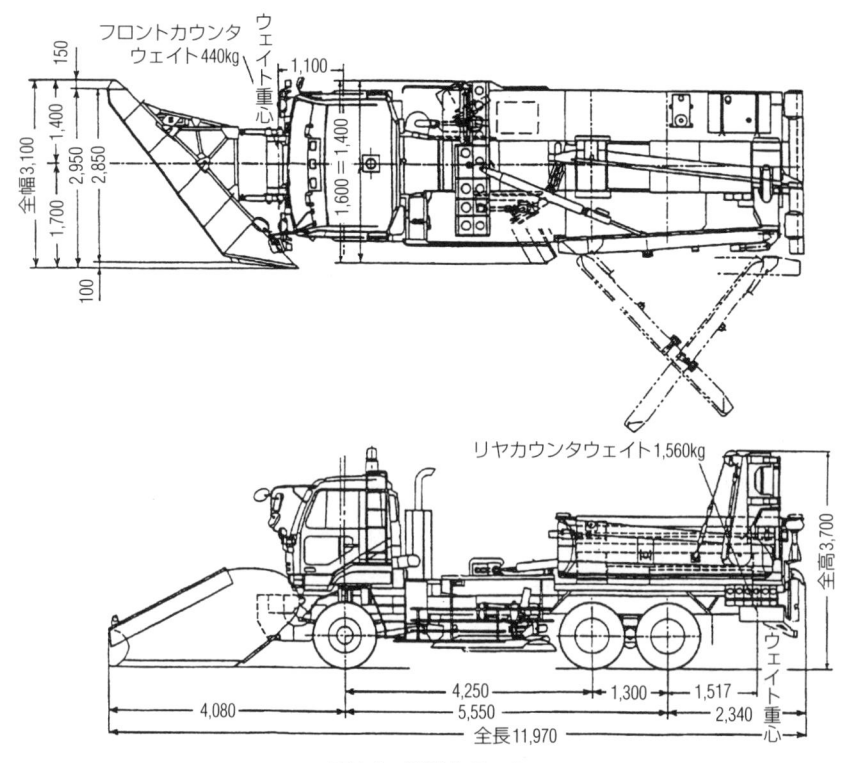

図3-8 除雪トラック

(出典：深谷一行「総輪駆動トラックをベースにした除雪トラックの紹介」,『自動車技術』1998年6月号,社団法人自動車技術会)

ある。補強によって，車両前部のフレームの強度（具体的には上下方向と横方向の曲げ断面係数）を，おおむね2倍以上に高めている。

補強を必要とする参考例を図3-8に示す。

### (2) 大容量ジェネレーター

除雪作業中は，熱線入り前面ガラスに通電し，回転警告灯や作業標識灯，さらには強力霧灯も点灯するなど，電力を多く消費する。このため，大容量ジェネレーターへの改造が一般化しつつあり，なかには80A以上のジェネ

レーターを搭載するものもある。ちなみにこの容量は，一般トラックの約2倍に相当する。

(3) ツインジェネレーター

80Aクラスのジェネレーターでも必要電力が賄いきれない場合には，ツインジェネレーター方式が採用される。これはジェネレーターを2個装着するものである。

エンジンルームにジェネレーターを2個装着できない車両では，運転台の後方に取り付けたジェネレーターをエンジンリアPTOで駆動する。

(4) 熱線入り前面ガラス

熱線入り前面ガラスは明確な使用理由がない場合，改造が認可されないことがある。除雪トラックでは，デフロスタが追いつかないほど降雪が激しい時などに，ウインドに付着した雪を溶かすため，このガラスが使われる。

なお，消費電力が大きいために（400W以上），ジェネレーターの容量を含めた検討が必要になる。

(5) ハイキャブマウント

ハイキャブマウントとは，除雪作業によって飛び散った路面の雪がキャブ（運転台）前面のガラスにかからぬようにするために，キャブの高さを嵩上(かさあ)げすることを指す。嵩上げの程度は，一般車に比べて300mm以上とする例が多い。

前掲・図3-8参照。

(6) 除雪プラウの電子制御

除雪プラウは，運転席から油圧ポンプと油圧シリンダーを制御しながら操作するが，ここにも電子制御が普及してきた。したがって，電子機器の安定

性と，電子干渉の防止が強く求められている。詳細は第4章で述べる。

(7) その他

　我が国は国土の約60％が積雪寒冷地域で占められており，降雪時の交通の確保が重要な課題になっている。

　道路の除雪に使われる機器のうち，除雪トラックは主として新雪の除去に用いられ，路面の雪を路側に跳ね飛ばして除雪する。ほかの除雪機械では不可能な高速除雪（おおむね時速50 km以上）が最大のポイントになっている。

　雪を跳ね飛ばすためには一定の車速の維持が必要である。また，除雪時に雪から受ける反力が変化しても，車体が常に安定していることが求められる。このため，除雪トラックの運転と操作には高度な技能が要求されている。

## 3.5　車両運搬車

　車両運搬車は，乗用車などを一度に大量に運搬する車両であり，それに適した特別の構造を持っている。トラック形式だけでなく，トレーラー形式も多く採用されており，ここでは，両方に共通する構造を取り上げる。

(1) フレームの改造

　車両運搬車は上下2段式の荷台（フロアー）を持ち，その骨格は溶接によるラーメン構造となっている。また，荷台には油圧シリンダーによる可動部分が多くあり，積込部分を増やすため，さまざまな工夫がされている。例えばトラック形式の場合なら，フレームの後端をなだらかに下げていく"切り下げ形状"となっている。

　荷台の構造は，標準車のメインフレームにアウトリガーと称する補助メンバーを装着し，補助メンバーとフレームにより荷台の枠をつくっている。

なお，補助メンバーをメインフレームに装着する方式は，リベット締結と溶接締結の2種類がある。

前掲・図2-2参照。

(2) キャブルーフカット

法的に限られた寸法の範囲内で，より多くの積載空間を確保するため，キャブ（運転台）上面に積載スペースを設けることは，大きなメリットを持っている。そのためキャブルーフカットが行われ，カットの形状は種類が多い。この改造においては，衝突時の安全性などを犠牲にせぬよう，キャブの基本骨格をできるだけオリジナルのまま残すことが，一つの前提になっている。

なお，ルーフカットは，通常，手作業で行われ，改造後には水密試験を実施する。

参考例を図3-9に示す。

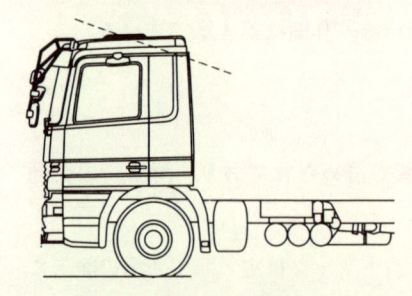

図3-9 キャブルーフカット
破線はカットラインを示している
（図版提供：ダイムラー・クライスラー日本株式会社）

(3) 低キャンバー（そり）スプリング

車両運搬車は重心が高くなりやすく，カーブ走行時など横方向からの入力に対する安定性を高めるために，ばね定数が高く，かつ"そり量"の少ないスプリング（低キャンバースプリング）が装着される。

また，低キャンバースプリングとともに，横揺れ防止用のローリングスタビライザーを装着することもある。

## 3.6 防爆車

化学工場，火薬工場などで使用される防爆車に関して，その特別構造を取

り上げる。

(1) 発火を抑えるための構造

発火源と考えられるものに，エンジンの火焔と電気火花の2種類があり，それぞれに対して特別の構造を持っている。

①エンジンの火焔対策

エンジンの火焔に対しては，消焔装置と排気温度低下装置（後述）が付けられる。

消焔装置の参考例を図3-10に示す。

②電気系の火花対策

電気系の火花に対しては，火花の発生が予測される部位を完全に覆うカバーを取り付ける。また，電気配線コネクター部へシリコン系接着剤を充填し，火花の発生を防止するなどの対策がとられる。

(2) 排気温度を低下させる対策

排気温度の低下対策としては，取扱いの容易さと経費の安さで，水マフラー（通称）を装着する例が多い。

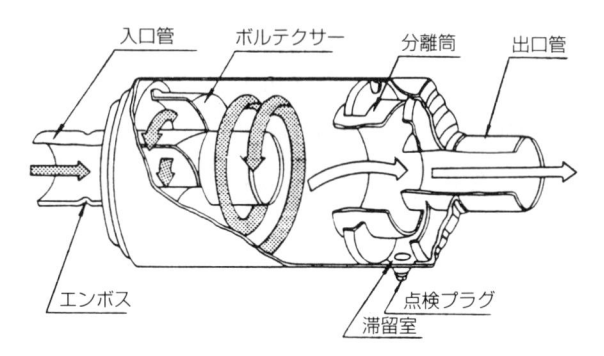

図 3-10 消焔装置
（商品名"スパレスター"，株式会社サンダイヤ）

代表的な水マフラーを図3-11に示す。また，参考として，水マフラー装着による排気ガス温度の低下事例を図3-12に示す。

**(3) 構造上の適性**

防爆車は，ディーゼルエンジン車が基本車として使われる。火薬工場のなかやトンネル内など周囲を囲まれた空間で使用されることが多いので，次の特性を考慮したためである。

① ディーゼル排気の無害性

　ガソリン車は人体にとって毒性の強い一酸化炭素を排出するので，閉ざされた場所では使えない。

② ディーゼル着火方式の安心感

　ガソリン車は発火源を持つ火花点火方式であり，誘爆の危険性があるので，火薬工場などでは使えない。

**(4) 防爆改造車の限界**

防爆車は標準車を改造してつくるので，完全な防爆仕様は現実的には製作不可能である。

例えば，爆発の恐れがある火薬工場などに適用される防爆規格に合わせると，車両の排気ブレーキの制御などに使用している，多数のマグネチックバルブをすべて防爆仕様に変更しなければならない。しかし，実際問題としてこのような改造は，費用の面から成立しない。そのほかの電気系接点を有する部位も同様である。

したがって，防爆改造車は厳密には防爆車でなく，これに準じているものと解釈したほうがいい。

なお，電気配線カプラ部へシリコン樹脂を充填することは，通産省告示第58号第12条4項の火花の生ずる恐れのある部位の「覆い」と解釈されており，発火源の遮断対策として行われているものである。ただし，納入場所に

3.6 防爆車　51

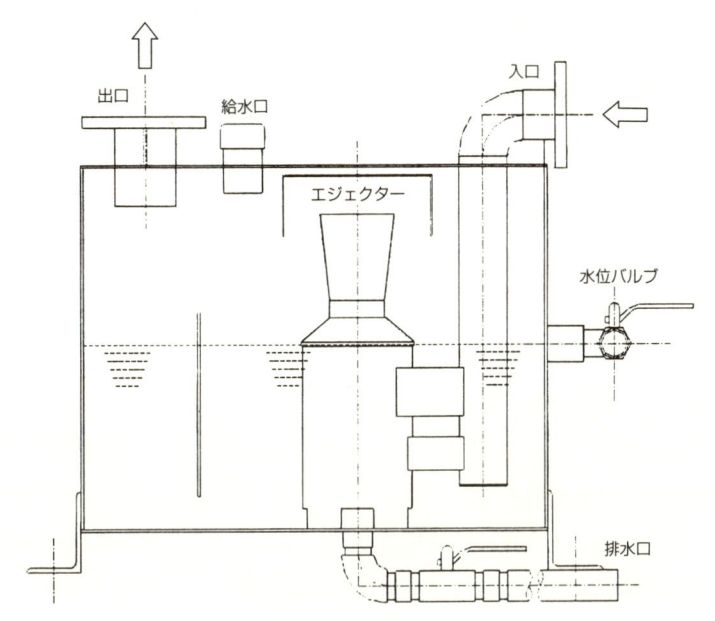

図 3-11　水マフラー

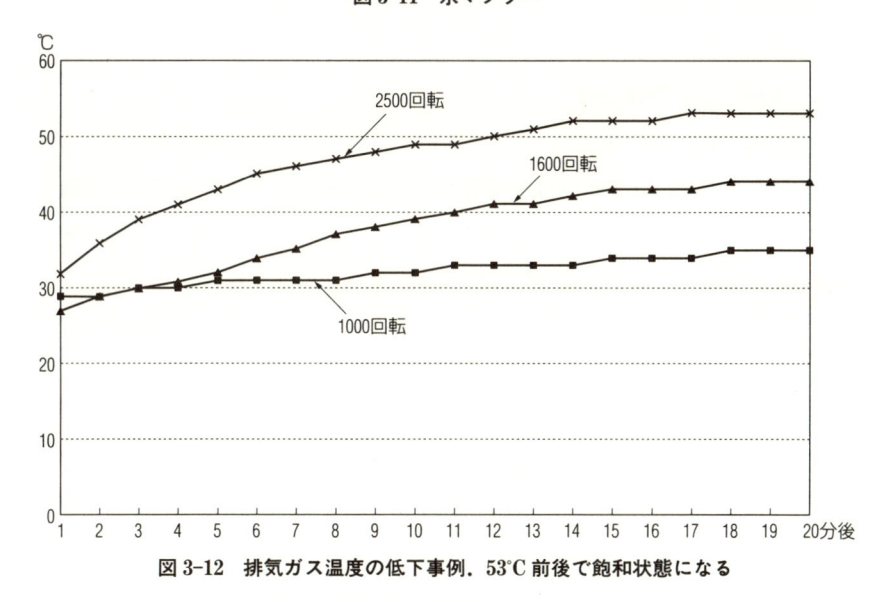

図 3-12　排気ガス温度の低下事例．53℃前後で飽和状態になる

よってこの改造は，省略することもある。

## 3.7 防弾車

現金輸送車などに使われる防弾車に関して，その特別構造を取り上げる。

(1) 窓の防弾処理

防弾車の窓は，積層接着ガラス（ガラス，ブタジエン膜，ポリカーボネイト樹脂を貼り合わせたもの。以下，防弾ガラスという）を用いることが一般的である。防弾ガラスは厚さが 20〜30 mm もなるため，窓を開ければ容易に防弾ガラスと見て取れる。

ガラスの平面形状は比較的容易につくれるが，3 次元曲面形状は成型が難しいため高価であり，生産数が少ないことも相俟って，現在は主として欧州で製作されている。

(2) 車体外板の防弾処理

外板は，車両の使用目的によって対応が分かれる。現金輸送車などでは外板をすべて防弾板（多くは特殊鋼板）に換えている。乗用車系では，外観を標準車のままにして，ドア，天井，フロアなどの内側に防弾板（特殊鋼板あるいはポリカーボネイト樹脂）を組み込むケースが多くなる。

(3) タイヤの防弾処理

タイヤは，銃などで打ち抜かれても走行できるものが採用される。これには複数の方式が存在し，例えばランフラットタイヤなどが使われる。

(4) 燃料タンクの防弾処理

燃料の違いによって次の二つに分かれる。

① 4WD 車またはトラック系など燃料に軽油を用いる車種の場合

　軽油は引火の危険性が低いので，燃料タンクが被弾しても燃料が漏洩しないよう，耐貫通性を高めることが主な対策になっている。

　具体的には，燃料タンクを，鋼板，樹脂もしくはゴムのいずれかで覆う方式が採用される。燃料の注入は一般車と変わらない。

② 乗用車系など燃料にガソリンを用いる車種の場合

　ガソリンは引火の危険性が高いので，前述の軽油用よりも厳重な対策が求められる。そこで，最新のジェット戦闘機の燃料タンクと同じように，タンク内に例えばスポンジのような充填剤を詰め込んで，この充填剤にガソリンを染み込ませる方式が採用され始めている。

　なお，この方式では，給油に多少時間がかかることを承知しておく必要がある。


(5) 生産形態

　我が国は自衛隊と警察以外は事実上，武器の所持が禁止され，治安が比較的よかったこととも相俟って，防弾車の需要はごく限られていた。

　また，武器やこれに準ずる物品の輸出統制が厳しく，防弾車を製作しても輸出することが困難であり，必然的に製作台数が少なく技術の進歩も緩やかであった。

　このような背景と併せて，防弾車は仕様がさまざまで特注車になるために，現状では一台ごとの手作りが大多数を占めている。


## 3.8　LPG バルクローリー車

　LP ガスなどを輸送する LPG バルクローリー車に関して，その特別構造を取り上げる。

## (1) 保安関連装置

### ①緊急エンジン停止装置

緊急時に車両の外部からエンジンを停止する装置で，電気信号で作動させる方式が多い。

### ②誤発進防止装置

LPガスなどの積み下ろし時に，運転者が運転席にいなくとも誤発進することがないように，駐車ブレーキ（サイドブレーキ）のほかに，通常の主ブレーキを作動させたままにしておける誤発進防止装置を組み込む。

なお，この装置は作業用補助制動装置として技術基準があるので，これに準拠している。

### ③原動機からの火焔防止装置

火焔の発散を防止する装置で，具体例を，前掲・図3-10に示した。

### ④PTO遠隔操作装置

車両の外からPTOの切替（接続・断絶）を可能とする装置で，電気的に制御する方式が一般的である。

### ⑤静電気防止措置（アース線）

帯電によって静電気が一気に放電する時のスパークを防止するものであり，通常は設備側にアース線を設置し，車両側にはアース線に接続するための補助電線を装備する。

## (2) 温水取出し

エンジンからの温水取出改造は，エンジンの冷却液の一部をバイパスさせて，高温の冷却液（温水）を取り出して，積載物を温めるためにこの温水熱を利用する。積載物を温める目的は，例えば印刷用インキの場合だと，温度が10℃前後まで下がるとインキの粘度が上昇し，排出が困難になってしまうことを防止するためである。

温水取出しの考え方は，通常の室内用ヒーターを大きくしたものと考えて

よい。

## 3.9 その他の車両

**(1) 空港用構内車**

空港の構内で用いられる作業車は，航空機との関連性が求められ，特別な装備が要求される。

①左ハンドル

　現在，航空機はほぼすべてが外国で開発されており，作業車には，航空機が開発された国の自動車が基本車として選定されやすい。このため，左ハンドル車に合わせて航空機の作業位置が決定される。

　だが，我が国の空港で使われる作業車には，メンテナンスが簡単な国産車をとの要望もあり，右ハンドルから左ハンドルに改造する必要が出てくる。

②車速制限装置

　空港の作業車には，車速を例えば時速 30 km 以上に上昇させないリミッターが要求されている。

　具体的には，車速センサーによって車速を検知し，エンジンの回転をあらかじめ決められている車速以上に上昇させない方式が多く採用されている。

**(2) 福祉車両**

福祉車両には多様性と特殊性がつきもので，ひとまとめにはできないが，代表例を以下に記す。

①障害者が自ら運転する車

　ハンドル，アクセル，ブレーキなどの操作をなんらかの形で補助する車であり，次の二つに分けられる。

a）手だけで運転する

　　　ハンドル，ブレーキ，アクセルの機能を手の操作に集約させる。

　　　具体的には，手でハンドルやレバーを動かし，その操作量をハンドル，ブレーキ，アクセルの動き量に変換する。

　　b）足だけで運転する

　　　通常，足は手と比べると細かい操作ができないことや，とっさの際の力が大きいこと（操作する力が手の5倍程度にもなることがある）に注意する。

②介護の負担を軽減する車

　介護の負担を軽減する車の代表である介護補助装置付福祉車両は急速に充実しつつある。なかには，改造自動車ではなく量産車として販売されているものもある。

　これらの車両は次の二つの方式がその基本になっている。

　　a）座席がせり出てくるタイプ

　　　補助アームによって，座席が外側に出てくる。

　　b）車椅子用のリフト機構があるタイプ

　　　油圧シリンダーとリフト機構によって，踏み板を室外に出したり，室内に格納したりするものである。

# 第4章　改造自動車・設計の基礎とポイント

　改造自動車に関する工程のなかでも設計は，性能や価格といった主要な要素をほとんど決定付けてしまうため，設計者には卓越した技術力が要求される。
　なお，設計のポイントについての書き方は，一つでなく，数多い。本章では，車種ごとにまとめて書く方法は避け，要素系ごとにまとめることで，車種の異なる設計にも利用しやすくなるように配慮した。

---

## 4.1　設計に入る前に

(1) 基本データの入手

　設計に際しては，改造のベースとなる基本車のデータがまず必要になってくる。
　トラックは使用目的に応じて専用の荷台などを装備することが多いため，標準車メーカーはいわゆる"架装要領書"として，各種のデータを外部に明らかにしている。"架装要領書"を図4-1に，また基本データの代表例である車両全体図を図4-2示す。
　いまのところ，これらは書類かCD-ROMで供給されるが，インターネットのWebページからダウンロードする方法なども近く実現するだろう。
　基本データで特に重要なものは，標準車メーカーが改造を禁止している事項であり，これは厳守する必要がある。なぜなら，禁止事項は法律か保安上の理由による場合がほとんどであり，これを無視した改造は犯罪行為にも該当し，製品保証の対象からは当然のことながら外される。

58    第4章　改造自動車・設計の基礎とポイント

図 4-1　架装要領書
（日本ボルボ株式会社，ダイムラー・クライスラー日本株式会社）

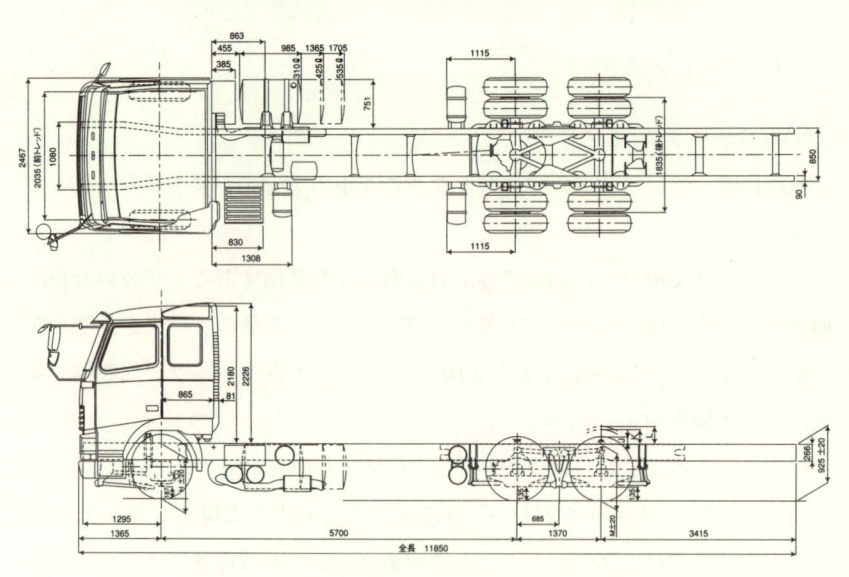

図 4-2　車両全体図．トラックシャシー図の例
（図版提供：日本ボルボ株式会社）

4.1 設計に入る前に　59

なお，公開されたデータには含まれない詳細なデータが必要ならば，個別に交渉することになる。この場合，改造自動車の設計者の技術力に疑問があって，情報開示は危険であると標準車メーカーが判断すれば，データを明らかにしないことも考えられる。したがって，改造自動車メーカーも，法を遵守し，誠実な対応が要求されることを認識しておく必要がある。

(2) 設計計算の省略

　自動車の設計は，設計計算をきちんと行うことが原則である。だが，改造設計では多くの場合，時間と費用の節約のため計算を省略し，いきなり形状設計に入っている。

　計算せずに形状を決めるのは，悪い選択だとは必ずしもいいきれない。むしろ時間を稼ぐ観点からは，計算を省くことが有効な場合もあるので（もちろん，致命的なトラブルを発生させるようなことは論外である），あまり硬直的に考えないで，時と場合に応じて使い分けていくことが望ましい。

　このような仕事の進め方は改造自動車メーカー独特のものであり，事前計算を原則とする標準車メーカーの設計の進め方とは大きく異なる部分である。

　しかしながら，設計計算の有効性も，忘れてはならないことである。後追い検証の形でもよいから，計算によって設計の裏付けを取っておくべきである。

　なぜならば，自動車は経験工学の産物といわれるように，次期モデルの開発に際して従来の開発経験の蓄積が大きく貢献する世界である。モデルチェンジによって新車を次々に開発した経験と知恵を，さらに次期型に生かす努力を続けた結果が，日本の自動車産業が今日のように強くなった秘訣でもある。

　つまり，計算による設計の裏付け取りは，このところ流行っている仮想試作の原型であり，裏付けがなければ適切な判断ができずに，試作品をつくっ

ては壊す作業を結局は繰り返し，最終的には，設計に要する時間と費用が増えてしまう。

最近の物づくりはノウハウ（know how）だけでは不十分で，ノウファイ（know why．なぜそうなるのかの裏付け）を必要とする時代である。物づくりをなりゆきで行うだけならノウハウのみでもよいのだが，これでは条件が変わった時に応用が効かず，生産性は上がらない。言葉を換えると，今日の仕事を消化するだけならノウハウのみでもかまわない。しかし，新しい仕事を開拓するには，ノウファイがどうしても必要になる。

改造自動車は製作台数が少ないから設計や研究に費やす時間も少なくてよいなどとは考えず，常に設計の結果を検証し，これらを記録として残して，次期モデルの開発に活用する必要がある。

(3) 新規開発時の対応

改造設計において，しばしば遭遇するのは，経験，ノウハウ，ノウファイの蓄積がない製品を新たに開発しなければならない場面である。量産ではない隙間（ニッチ）製品を対象とするかぎり，この課題は宿命である。では，前例がない設計にどのように対処したらよいのだろう。

新規設計のすべての基本は，設計基準値（機能保証値）をいかに設定するかに集約される。前例がない設計は，設計の対象に対してまず仮説を立ててみる。次に，この仮説をもとにして，目標とする機能・品質を試作品かモデル（模型）によって検証し，その検証結果を利用して，設計基準値（機能保証値）を求める。類似した製品の設計経験者がいる時は，その者に相談しながら設計基準値を設定する方法もある。

いずれの手法においても重要なことは，裏付けのある基準値を設定すべき点である。裏付けのない，気分や推測による設計基準値の設定は，厳に慎むべきである。

試作品かモデルによって仮説を検証する際は，複数の変数をつくって，同

時並行的に検証することがポイントである。これは，品質工学（タグチメソッド）における頑健設計（ロバストデザイン）の考え方につながっている。目標とする設計基準値（機能保証値）を正確に設定することができ，さらに，目標を達成するためのパラメーターが明らかならば，失敗や無理，無駄のない設計が可能になる。

(4) 先人の知恵の活用

昨今，若手技術者に対する技術の伝承問題が，いろいろ取り沙汰されている。CADやCAEの普及に伴い図面は真似て描けるのに，図面の意味がわからない若手技術者が著しく増加している。改造自動車の設計は，先人の知恵がいたるところで活用されている。この伝統は，今後も継続させたいものである。先人の知恵の代表例は，

① 安全率を適宜変える（余裕を見込む）

改造設計に関する強度・耐久性の計算は，入力負荷を標準車メーカーが公表している値とせずに，安全性を考慮して2割前後大きめの値で計算することがある。

安全率（過負荷率）の扱い方は，改造自動車メーカーの腕の見せどころとなっている。実機による確認試験など十分な裏付けがあれば，負荷率は1.0でもよいが，実際の設計では安全側に見積もることによって，実機による確認試験を省略し，時間と費用を節約している。

② 過負荷対策を組み込む

a) 意図的に滑り要素を組み込む

事例としては，シャフト駆動の代わりにVベルト駆動を採用し，過負荷が作用したらスリップさせる。

b) シャー（せん断）ピンを組み込む

事例としては，駆動シャフトとベルト車の固定部分にシャーピンを採用し，過負荷が作用したらシャーピンを破損させ，以降の部品を保

護する。

③計算時の定数を用途に応じて適切に変える

　代表的な事例として，タイヤと路面の摩擦係数の取り方が挙げられる。例えば，制動距離の算出時には，摩擦係数を低めの $\mu=0.5$ 前後とし，車両発進時の駆動部品への入力荷重算出時には，高めの $\mu=0.8$ 前後とする。

　こうした知恵の伝承は，情報の単なるやり取りだけでは難しい。先人と若手のこ・こ・ろ・のつながりをなんらかの形で保つことが，ポイントだといえるだろう。

(5) 資料管理

　資料管理は，多くの改造自動車メーカーにとって，ウイークポイントの一つである。なかには技術資料の保管すら，満足にできていない会社も散見される。

　物づくりにおいては，資料，とりわけ技術資料は知恵の集合体である。技術の蓄積と利用方法の優劣は，企業活動に決定的な影響を及ぼす。優劣を決定付ける要素の一つが，資料管理であることは論をまたない。

　したがって，技術資料をただ保管するだけで良しとせず，積極的に業務に活かす"仕組み"を考えてみるべきである。以下，代表的な三つの資料管理方式を見ていく。

①パイプファイル方式

　採用例：改造自動車業界で最も普及している。

　方　式：保管したい用紙に穴をあけ，5cm くらいの厚さのファイルに順次綴じ込んでいく方式で，途中をインデックスなどで区切って，わかりやすくすることもある。

　長　所：見た目が美しく，書類の順番を整えるのも容易である。

　短　所：差替や変更に手間がかかる。これが致命的な欠点である。

一　言：書類整理といえばファイリングであり，普及度ナンバーワンである。

②包袋方式

採用例：小企業ではよく見かける。特許庁が出願特許ごとに"包袋"の管理を行っていたことで有名である。

方　式：書類をタイトルごとに袋に入れて，"袋"で管理するものである。近年は"袋"を管理単位の概念（例えばファイルなど）に変えている例もある。

長　所：増量，削減が簡単で，手間がかからない。内容の編集や新たな管理方式への対応が簡単である。

短　所：書類がばらばらになりやすいので，大勢で利用するには難がある。また，見た目の美しさがいまひとつであり，書類の順番が乱れやすい。

一　言：古いイメージがつきまとうが，実行してみると意外に便利。

③ボックスファイル方式

採用例：外資系企業に採用例が多い。

方　式：書類をタイトルごとに箱に入れ，"箱"で管理するものである。

長　所：増量，削減が簡単で，手間がかからない。内容の編集や新たな管理方式への対応が簡単である。

　　　　見た目の美しさもある。

短　所：書類がばらばらになりやすく，大勢で利用するには難がある。

一　言：パイプファイル方式と包袋方式の中間的な性格を有する。

三つの代表的な管理方式のうち，どれが改造自動車メーカーに最適かを考える。

資料管理の目的は，知恵やノウハウなどの知的資産を共有化して，個人の力と組織の力を相乗的に発揮させることである。そのためには，個人と組織の両方にとって使いやすいものがいい。言葉を換えれば簡単なことが重要

で，なかでも"包袋方式"は捨てがたい魅力を持っている。

　最新の電子ファイルは，書類の保管程度の利用では，設備投資がかさむだけでメリットがない。システムが有効に機能するためには，例えば，資料（情報）を共有して，新しいアイデアの発掘を定例的に行うなど，仕事のやり方を整備する必要がある。ハードウェアである資料管理方式と，ソフトウェアともいえる資料活用法の双方が，バランスよく整っていることが大切である。

　改造自動車メーカーの技術資料は，特別な理由がないかぎり，全社的に管理する必要性はあまりない。むしろ，分散処理の形で技術部門が独自に管理したほうが，使い勝手が向上する。

　要は，理想を追わずに，自社の身の丈に合った仕組みを選ぶことが重要である。当然ながら，会社が違えば社風も異なり，資料の管理方式も異なっている。自社の管理方式が他社とは同じでない場合，違うということに対して過敏になる必要はない。ただし，なぜ他社と違うのか，理由を明らかにすることは有効である。

### (6) 改造自動車と特許（知的財産権）

　最近は展示会場などで，「特許出願中」の看板を実車の脇に掲げる改造自動車メーカーが増えてきた。しかしながら，残念なことに，特許の出願だけが目的であり，特許を活用しようとする意欲はあまり見られない。

　特許の出願には費用がかかる（内容にもよるが，明細書の作成を含めて弁理士に依頼する場合，出願時に25～50万円）。このことはわかっていても，特許を権利化するには審査請求を行って出願内容の審査を受けなければならないし，たとえ審査を通っても，特許原簿への登録のため特許料が必要になることは，案外，見落とされている。

　改造自動車メーカーが特許戦略を考える時，第三者による特許の侵害は発見が難しく，仮に発見したとしても企業規模が小さい場合は，体力的に係争

に耐えられないという現実を直視する必要がある。

　特許は，所有するより，活用することに本来の意義がある。宣伝のために特許を取得するのであれば，取得にかかる費用と宣伝効果のバランスをまず考えてみるべきである。また，特許権を自社で使うか他社に譲渡するのなら，特許権が最大の価値を持つように，特許請求の範囲などに関して出願時点から慎重に検討する必要がある。

　改造自動車業界は，多くの人が特許に対してある程度の知識を持っている。それゆえに，特許への期待がかえって過大な傾向があり，極端な場合は，特許を取ればすべてがうまくいくと考えているふしもある。

　しかし，特許は取得後のフォローのほうがむしろ大変なのだと認識する必要がある。自分の発明を保護するために特許を出願するのは悪くはない。だが，取得後にビジネスとして発展させていくならば，取得に関わる採算性を慎重に検証するように，発想を転換しなければならない。

　特許取得後の満足度を実際に聞いてみると，経費のわりには効果が少ない現実がある。この原因の一つに挙げられるのが，自社の身の丈に合った戦略を導入できる体制が，改造自動車メーカーに整っていないということである。

　近年は特許の電子出願制度やインターネットを利用した特許電子図書館の無料検索，さらにはビジネスモデル特許の台頭など，特許を巡る動きはめまぐるしさを増している。これらは好むと好まざるとにかかわらず国際的な潮流であり，改造自動車メーカーも特許業務のアウトソーシングを含めて，特許に関する深い知識を普段から養っておくことが重要である。

### (7) 改造自動車とPL法

　我が国においても製造物責任法（PL法）が施行され，改造自動車にも製造物責任が及ぶことは，当然視されるようになっている。従来は，改造自動車だからという甘えがともすれば許されてきた傾向がある。だが，近年は，

従来とは比較にならないくらいに社会の意識が変わっていて，こうした変化に適切に対応しないと経営危機を招くだろう。

このような社会の変化を意識して，PL 保険に加入する動きも一部にだが見られるようになっている。加入自体は経営のリスク管理の一環と見ればけっして悪いことではない。だが，それ以前に，まず顧客の立場にたってみて，誤操作の防止措置など身近な取組みの充実も忘れてはならないことである。例えば，

①改造によって発生する特有の操作要領については，取扱説明書を作成する。

②操作部には必要なコーションプレートを貼る。

などは，最低でも実行すべき項目である。

また，製品の安全性に関するマネジメントシステム導入の動きも見られるようになっており，安全に対する積極的な姿勢をアピールする戦略も，価値が高まってきている。

ところで，いわゆる違法改造は，厳に慎まねばならない。ひとたび違法改造を行えば，社会から信頼されなくなってしまい，結果的に自分で自分の首を締めることになる。場合によっては訴訟問題への発展も十分に予測されることであり，設計に従事する技術者も，社会に対する責任の自覚が強く求められている。

### (8) 改造自動車と ISO マネジメントシステム

ISO 9000（14000）認証取得の看板がある企業を近頃は見かけるようになっている。この背景には，ISO が国際規格だということだけでなく，ISO マネジメントシステムの導入を取引先から求められるケースが増えているためと考えられる。

これらの ISO マネジメントシステムは，個々の製品に対する規格ではなく，管理手法に関する規格である点が最大の特徴となっている。だが，導入

されてから日が浅いので誤解も多く見受けられ，なかでも最大の誤解が，ISOはすべてに効く万能薬だというものである．企業のマネジメントシステムの一つである以上，万能ということはあり得ず，その限界を正しく認識する必要がある．

ISOマネジメントシステムのメリットは，計画（Plan），実行（Do），点検・是正（Check），見直し（Action）の過程を繰り返すことが容易であり（いわゆるPDCAのスパイラルアップ），企業の改革を促す経営革新ツールとして活用できるということである．体質が必ずしも磐石でない改造自動車メーカーにとって，ISOマネジメントシステム導入による体質強化は魅力があるが，そのためには継続的な努力が必要だということを忘れられてはならない．

なお，ISOは社会に対して業務の透明性を約束するものであるから，認証取得後に，約束したことが守られなければ，第三者から訴訟を起こされる可能性があることも覚悟しておく必要がある．

ブームに便乗してISO認証を取得するだけでは，経費がむだになる恐れがあることも十分に承知しておくべきである．

(9) 設計の効率向上

設計作業において，その効率を高める工夫は経営的にも極めて重要である．

例えば，主任クラスの就業時間を分析すると，総就業時間のうち，実設計時間比率（実際の設計作業にあてる時間の比率）は60％前後になっている．設計以外に，管理付帯書類の作成や新人教育など主任クラスが果たすべき役割の多さを勘案すると，この値はやむを得ない面があり，これでも標準車メーカーの実設計時間比率と比べれば相当によい数値ではあるのだが，改善の余地はあるだろう．

効率を高める工夫を行う際の着眼点を以下に述べる．

①自社の実情に合わせる

　主任クラスになると社外研修などを通して，ほかの会社の成功例に接する機会も増えてくる。だが，他社の事例はあくまでも一つの参考例で，そのまま真似てもうまくはいかない。失敗の原因は多くの場合，会社によって人も風土も異なることを考慮しなかった点にある。他社のやり方を取り入れるなら，必ず自社流にアレンジすることが大切である。

②技術資料管理システムの利用

　資料の管理方法についてはすで述べたが，技術資料を積極的に活用する仕組みづくりの重要性は，検索時間の短縮だけにはとどまらない。時として，棚に並んだ資料のファイルを眺めていて，新しいヒントがふと閃くことがある。これなどはパソコンに保管してあるデータベースに頼るより，目と脳細胞が連動して動くほうが，能力が発揮されることを示している。

　電子情報管理システムなどは，言葉の持つ響きのよさで，システムそのものに価値があるように思いがちだが，実際はもちろん，そうではない。電子媒体であれ，紙媒体であれ，上手に活用する"仕組み"の整備がなによりも大切なことである。

　これらの整備は，外部の人に"丸投げ"してしまっては，業務の実態がわからず，うまくいかないことが多い。外部スタッフと社内のスタッフで混成チームをつくったほうが，いい結果が得られやすい。

③関連業務の効率化

　設計といえども，デスクワークだけが仕事でない。会議や打ち合わせ，検査への立会いなど，ほかにもさまざまな業務が付帯する。

　これらの付帯業務に関しては，例えば会議の場合なら，当日，会議が始まる前に，議案や進行予定時刻，決定予定項目などを関係者にあらかじめ配布しておくと，よく知られたことだが，むだがない。ほかの付帯業務も同様に，事前に進行計画を立てることが，効率化を図るポイントである。

④雑用の削減

　雑用を考える場合，なにが雑用なのかを個人の認識も含めて見直すことが必要になる。

　前述の関連業務の効率化とも通じるが，雑用を削減するポイントは，自分の仕事を自分にしかできない仕事に特化して，付加価値を高めていくことにある。ほかの者でもできる仕事は，他人に委ねてしまえばいい。

　なお，自分にしかできない仕事はそれぞれの役割によって変わるから，この課題は新入社員から社長まで，すべての階層にあてはまる。


(10) 勘と経験と度胸

　改造自動車の設計は，前にも述べたが，新規であっても計算を省略することがある。そこでミスを極力回避するために，類似した製品をよく観察し，参考にしながら設計を行うことが少なくない。そして，当然のことだが設計者には，設計の結果としての責任があり，設計という行為には，相当な度胸が要求される。そのため，これらを総合して設計者には，勘（Kan）と経験（Keiken）と度胸（Dokyō），すなわち KKD が要るという。

　改造自動車は標準車と異なり，小人数で設計し，設計者が一人だけということもめずらしくない。仮に助言者がいたとしても，迷った時は設計者が決断を下すことになる。そのため，小人数での設計は決断力が養成できて，設計者として早く成長できる面がある。しかし，その反面で，個人プレーであるがゆえに独善的になりやすく，KKD に頼りすぎて，"高慢ちき"ともなりかねない"落とし穴"が待ち受けている。

　実際の設計に際しては，このような精神的な背景も理解して，謙虚さを忘れずに業務を行うことが大切である。

## 4.2 構造体

構造体とはメインフレームや外板などのことであり，改造自動車としても最もアピールしやすい部位である。

ここは経験の積み重ねによって技術が進歩してきた歴史的な背景もあり，理屈よりも実際の腕前が重視される領域である。

### (1) 外板の切断・曲げ加工

外板の切断・曲げ加工は，極論すると"切った，貼った"の世界である。鉄板を素材とするならば形はなんでもつくれるが，仕上がりは経験によって決まる要素が多く，腕のよい作業者ほど美しく，強度などのバランスも優れている。

外板の設計上のポイントは，経験のある作業者と打ち合わせを十分に行うことに尽きる。積み上げられたノウハウを最大限に取り入れ，これに設計者の知識と理論を融合させる。設計者の技術と作業者の技能が嚙み合った時に素晴らしい製品ができることは，経験則ともなっている。

### (2) 溶 接

溶接はまず，薄物溶接と厚物溶接に分けられる。

①薄物溶接（おおむね厚さ1mm以下）

　薄物溶接は部位としては，主として外装板（0.8mm前後）などである。溶接法は，炭酸ガス溶接，あるいはろう付けが主体で，電気溶接（アーク溶接）はそれほど使用されていない。

　薄物溶接の特徴は，溶接する順番によって歪みの発生状況が変化して，品質（外観）を大きく左右することである（図4-3）。また，改造自動車の薄物溶接の場合には，溶接部に強度を求めることはほとんどない（標準車の場合は，薄物溶接であってもシェル構造として強度を求めることが少

なくない)。

　したがって，設計上のポイントも，溶接歪みの発生防止（溶接の順序によって歪みの出方が異なる）と，溶接部の外観の確保になってくる。作業者の経験とノウハウを参考にしながら設計を行う必要がある。

② 厚物溶接

　厚物溶接は主として，トラックのシャシーフレーム（5～8mm前後）などに用いられ，溶接法は，電気溶接（アーク溶接）が一般的である（図4-4）。

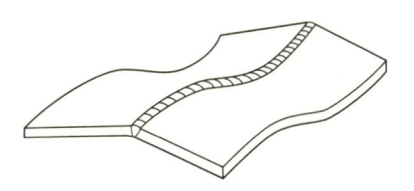

図 4-3　薄物溶接の歪み例

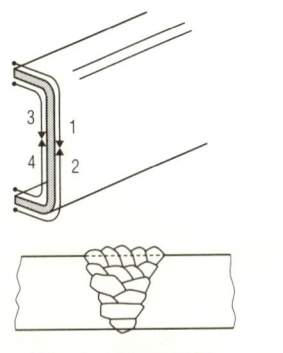

図 4-4　厚物溶接例

　厚物溶接の特徴は，溶接部位のほとんどが重要な強度部材になっている点である。このため，材質的にも一般材（45kg／mm²級）だけでなく，いわゆる高張力材（55kg／mm²級）なども多く使われるようになっている。

③ 高張力材の溶接

　高張力材の溶接は，一般材の溶接に比べて反りが発生しやすいうえに，溶接欠陥が発生しやすいなどの性質があり，高度な作業が要求される。

　一般論として，高張力材の溶接は高級溶接棒を使用する。具体的には，低水素系の溶接棒をあらかじめ40℃前後で乾燥させてから使うなど，細やかな配慮が必要である。

　ところで，高張力材は溶接後，母材の硬化により"遅れ割れ現象"が起こりやすい。これは溶接後に時間をおいて発生する割れであり，原因となる三つの大きな要因は，a) 溶接中，溶着金属内に侵入する水素，b) 硬化した組織，そして，c) 残留応力である。

a）溶接中，水素が溶着金属内に侵入することへの予防対策として，"予熱"と呼ばれる手法がある。予熱は水素の拡散を狙って，溶接前に母材を100～300℃前後に加熱する手法であり，材料によって温度を適宜選択する。

b）硬化した組織とは，溶接後に溶けた金属が凝固する段階で，自然空冷によって溶接部が硬化してしまう現象である。高張力材は，通常，カーボン成分などが多いので，このような現象が起こりやすい。そこで，これを避けるために"後熱"が行うことがある。"後熱"とは読んで字の如く"予熱"の逆で，溶接した後，高温の金属が急冷しないよう600℃前後に加熱することをいい，具体的には肉盛り部全体を均等に加熱し，冷却速度を遅くして溶融金属内からの脱水素を促進するものである。

c）残留応力への対策は，溶接部に生じる残留応力を除去するために，ピッチングハンマで溶接ビード面にピーニング（溶接ビード面あるいはその周辺をハンマで叩く加工法）を行う。あるいは，応力除去焼きなまし処理を行う。

④溶接してはいけない物

自動車部品は，溶接してはいけない物があるので注意する。その代表例が"焼き入れ"などの熱処理が行われている部品で，例えば，ステアリングアームなどの鍛造熱処理部品がある。

一般に，鍛造熱処理部品に溶接を行うと，"焼き"が戻ってしまって，強度の著しい低下を招く。また，溶接後の自然空冷によって部材が硬化し，部品に割れが発生するなど重大な欠陥を生じやすい。詳細は，大和久重雄『機械用鉄鋼材料』（産業図書，1968年）を参照されたい。

⑤溶接の設計計算

溶接設計における重要な技術は，厚物溶接の設計計算である。ここでは，改造自動車に多く用いられる"突合せ溶接"と"隅肉溶接"の場合について述べていく。

4.2 構造体

| | | | |
|---|---|---|---|
| $S=\dfrac{P}{h\ell}$ | $S=\dfrac{P}{(h_1+h_2)\ell}$ | $S=\dfrac{P}{h\ell}$ | $S=\dfrac{6M}{\ell h^2}$ |
| $S=\dfrac{6PL}{\ell h^2}$, $S_s=\dfrac{P}{\ell h}$ | $S=\dfrac{6M}{\ell h^2}$ | $S=\dfrac{3TM}{\ell h(3T^2-6Th+4h^2)}$ | $S=\dfrac{P}{(h_1+h_2)\ell}$ |
| $S=\dfrac{3TM}{\ell h(3T^2-6Th+4h^2)}$ | $S=\dfrac{3TPL}{\ell h(3T^2-6Th+4h^2)}$, $S_s=\dfrac{P}{2\ell h}$ | $S=\dfrac{0.707P}{h\ell}$ | すみ肉溶接Aの応力=すみ肉溶接Bの応力 $S=\dfrac{1.414P}{(h_1+h_2)\ell}$ |
| $S=\dfrac{0.707P}{h\ell}$ | 両板同一板厚 $S=\dfrac{0.707P}{h\ell}$ | すみ肉溶接A $S=\dfrac{1.414P}{(h_1+h_2)\ell}$ すみ肉溶接B $S=\dfrac{1.414Ph_2}{h_2\ell(h_1+h_2)}$ | $S=\dfrac{0.354P}{h\ell}$ |

S＝直応力(kg/mm²)　　　P＝外力(kg)
$S_s$＝剪断応力(kg/mm²)　L＝外力と接合面との距離(mm)
I＝断面2次モーメント(mm⁴)　h＝溶接のサイズ(mm)
M＝曲げモーメント(mm・kg)　ℓ＝溶接長(mm)

**図 4-5-① 溶接部応力計算式**

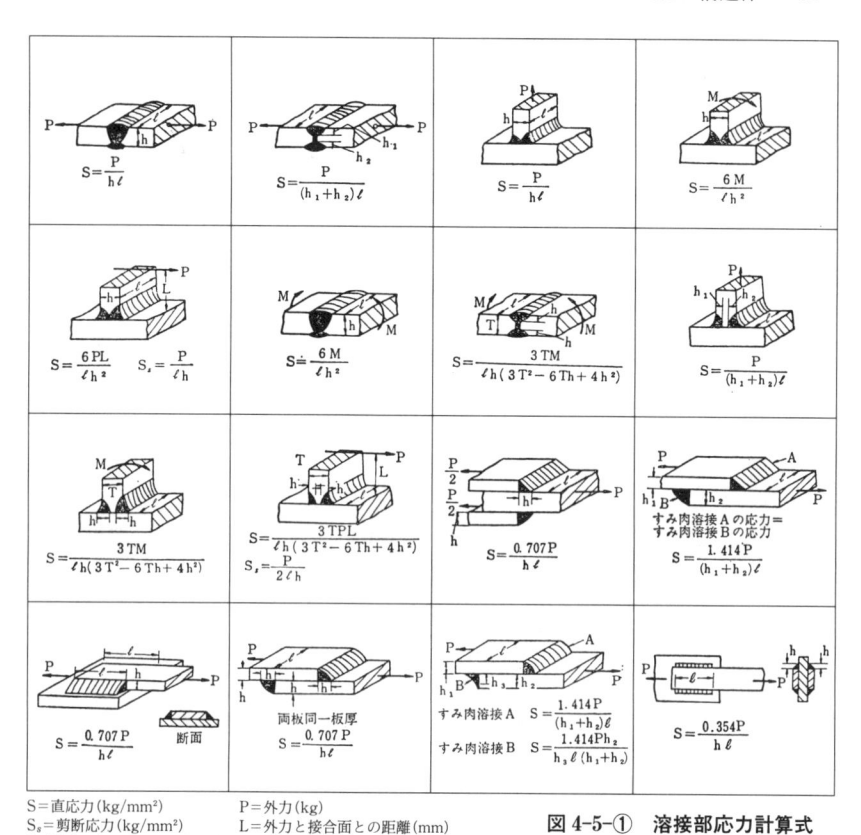

a) 計算方法

"突合せ溶接"と"隅肉溶接"に関する応力の計算方法を図4-5の①と②に示す。

b) 計算結果の判定

溶接の設計計算においては，算出した計算応力値に対する安全率の見込み方が重要である。具体的な安全率の決定は，最初のうちは文献などを参照し，次いで，自らの経験値を少しずつ加味するようにしていって，許容応力や判定基準を見直すことが大切である。

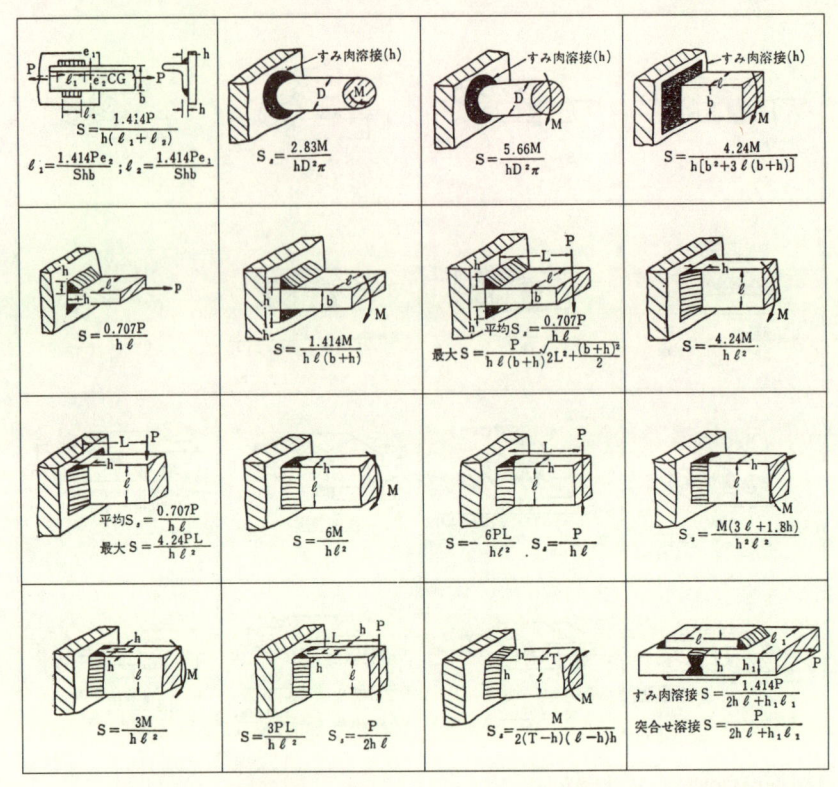

図4-5-② 溶接部応力計算式　　（出典：溶接シリーズ編集委員会監修『やさしい溶接設計』産報，1972年）

### ⑥溶接設計上の注意

a）板端部の逃げ

溶接位置は，板端からおおむね20mm以上離す（図4-6）。板端から溶接すると，部材の溶融だれや応力集中を起こしやすい。

b）溶接のビード長さ

溶接のビード長さは，おおむね30mm以上150mm以内とする。ビード長さが短いと，溶着金属が急冷硬化して溶接割れを起こしやすい。長すぎると，冷却時の収縮により溶接割れを起こしやすい。

4.2 構造体　75

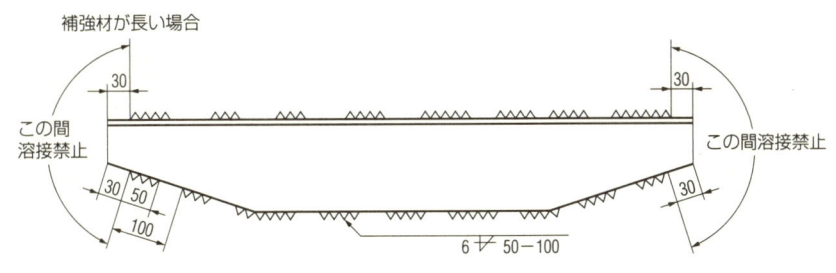

図 4-6　板端部の逃げ例

c）開先加工

　開先加工は一般に"突合せ溶接"において，母材の板厚が 5 mm 以上の場合に行っている（図 4-7）。

　一般的に接合部の強度は，溶接する金属の溶け込む深さによって決まるので，溶接部に開先を設けて，金属をより深く溶け込ませ，強度を確保する。

(3) ボルト類

改造自動車でよく使用する代表例を取り上げる。

①ボルト締結の考え方

　ボルト締結は，一般的に，大きな締付力で締め付けるほど緩みにくくなる。また，疲労限界強度は平均応力にほとんど関係がなく，ボルトに作用する振幅応力によって決まる。

　したがって，極論すると，ボルトは強

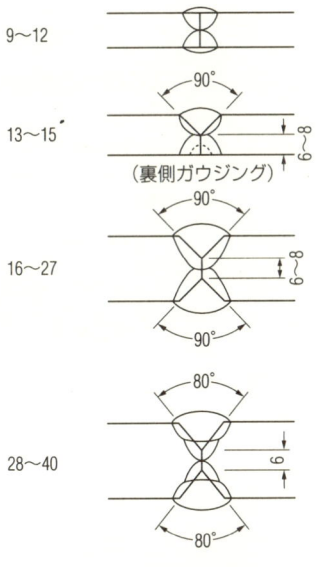

| 板厚(mm) | 開先形状 |
|---|---|
| 9〜12 | |
| 13〜15 | 90°, 8〜9（裏側ガウジング） |
| 16〜27 | 90°, 8〜9, 90° |
| 28〜40 | 80°, 6, 80° |

図 4-7　開先加工例
(出典：溶接シリーズ編集委員会監修『やさしい溶接設計』産報，1972 年)

ボルト締結の基本式

$$T = \frac{1}{2} F \{ d_p \cdot \tan(\rho' + \beta) + d_w \cdot \mu_w \}$$

ただし，

$T$：締付トルク（kg・mm）

$F$：締付力（一般的には材料の破壊強度の 70% 前後にする）(kg)

$d_p$：ねじの有効径（mm）

$\rho'$：ねじの摩擦角

$$\tan \rho' = \frac{\mu_0}{\cos\left(\frac{\alpha}{2}\right)}$$

$\mu_0$：ねじ面の摩擦係数

$\alpha$：ねじ山角度（メートルねじの場合は 60°）

$\beta$：ねじのリード角

$$\tan \beta = \frac{p}{\pi \cdot d_p}$$

$p$：ねじのピッチ（一条ねじの場合）(mm)

$\beta = 2°30'$ で，$\tan \beta \fallingdotseq 0.044$

$d_w$：座面の平均直径（mm）

$\mu_w$：座面の摩擦係数

ここで,

$$\tan(\rho'+\beta) = \frac{\tan\rho' + \tan\beta}{1 - \tan\rho' \tan\beta}$$ であり,

$\alpha = 60°$ の場合, $\tan\rho' = 1.15\mu_0$ で, $\beta = 2°30'$ の場合, $\tan\beta = 0.044$ であるから, $1 - \tan\rho' \tan\beta \fallingdotseq 1$ となり, これらの数値を代入すれば, 上式は,

$$T_f = \frac{1}{2} F\{d_p(1.15\mu_0 + 0.044) + d_w \cdot \mu_w\}$$

となる。

さらに,

ねじの有効径 $d_p = 0.92 \times d$

ただし, $d$ はねじの呼び径で, 例えば M 16 なら 16 となる。

ねじ面および座面の摩擦係数を乾燥状態として,

$\mu_0 = \mu_w = 0.15$

ナット座面の平均直径 $d_w = 1.3 \times d$ とおくと,

$$T \fallingdotseq 0.2 \times F \times d$$

と簡略化される。

ただし, 締付力 $F = 0.7\sigma_b$ $\sigma_b$ は材料の引っ張り破壊強度。

この 0.2 はトルク係数と呼ばれ, 簡略式の係数として利用される。

---

＊本来, 力の単位は kgf で表すが, 現実には習慣として, kg が頻繁に用いられている。そこで, 本書でも kgf は使わず, kg で代用することにした。

く締め付けて使わなければ効果がないということになる。

　a）ボルト締結の基本式

　　　ナットの座面摩擦を考慮したボルト締結の締付トルクは，先に示した基本式のように表せる（76-77ページ）。

　　　この基本式は，材料の弾性変形領域内の考え方に基づいている。

　　　ところで，近年は，弾性変形限界を超えて塑性域にまで踏み込んだ設計法もあるので，参考として次に述べる。

　b）塑性域締結法

　　　塑性域締結法は，新しい設計手法である。

　　　前述の基本式で示した方法がボルト材の弾性領域で締め付けるのに対して，こちらはボルト材の降伏点を超えて，塑性変形領域まで締め付けるものである。具体的にはエンジン内部のシリンダヘッドボルトなどに使われていて，小型軽量化が可能になる。

　　　塑性域締結法は，ボルト材の降伏点を超えた使い方をするために，締付力の管理が難しい。標準車メーカーのように自動化のなかで取り組む場合は信頼性を確保できるが，改造自動車業界においては，信頼性を確保することが難しく，設計段階からこれを採用した例は，いまのところはないようである。

　　　いずれにせよ，塑性域締結法は締結部の合理化が期待できるので，実績を積み重ねながら改造自動車にも徐々に採用されていくだろう。

②ねじ（ボルト）の緩みを考慮した設計

　a）緩み発生のメカニズム

　　　ねじ（ボルト）締結体において，被締付物が締付トルク $T$ によって締め付けられている場合，ナットまたはボルト頭に $0.8 \times T_0$ の緩めトルクが作用しないかぎり，理論的には，ねじ（ボルト）に緩みは発生しない。詳細は山本晃『ねじ締結の理論と計算』（養賢堂，1970年）を参照されたい。

通常，ボルトの緩みは，被締付物の座面が陥没しボルトが張力を失って，ナットが廻っていないにもかかわらず，締め付ける力がなくなることによって起こる。被締付物の間にガスケットなどの介在物がある時は，いっそうヘタリが発生しやすく，ボルトが張力を失う条件がさらに重なるので，特に注意が必要である。

b) さまざまな緩み防止対策（図4-8）

　ⅰ) Wナット方式

　　厚いナットを入れる位置を間違えないように注意する。

　ⅱ) スプリングワッシャー方式

　　多くの人が，スプリングワッシャーには緩み止め効果があると思っている。だが，これは誤解であり，緩み止め効果はほとんどない。

　　スプリングワッシャーの大きな効果は，被締付物の座面面圧が下がって，座面が陥没しにくくなることである。

　ⅲ) かしめナット方式

　　かしめナットには，それなりの効果が認められる。だが，締付時の締付トルクをどれだけ大きくするかが難しい。また，製品のばらつきが大きく，特にねじサイズM20以上の場合は，よく確認したうえで使用する必要がある。

　ⅳ) フランジナット方式

　　フランジナットも，それなりの効果が認められるが，現在市販されている製品は特許絡みのものが多く，価格が高めである。

　ⅴ) ワイヤ通し方式

　　ワイヤ通しは，ナットの回転防止に最も確実な方法である。その反面，手間がかかるので高価になる欠点がある。採用にあたっては，念のため，被締付物の座面面圧のテェックを行っておく。

vi) その他

　　以上のほかにも，伸びボルト，熱応力緩和ボルトなどさまざまな方法が使われる。これらについては，専門書を参照されたい。

(4) リベット

　リベット設計の基本は，リベットに"せん断力"が作用するように設計し，"引っ張り力"を与えないことである。リベットに"引っ張り力"を与

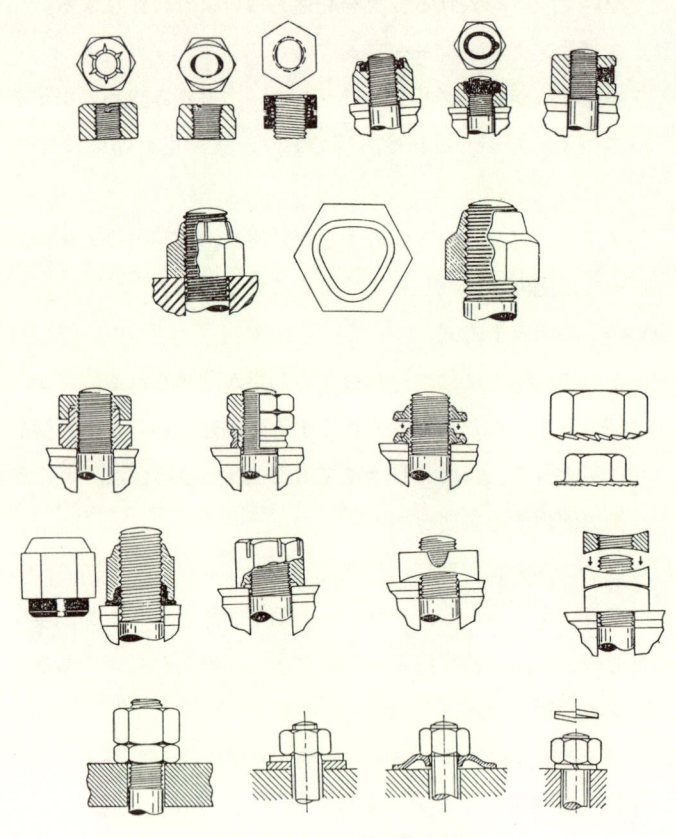

図4-8　ねじの緩み防止例

えている設計例を見かけるが，注意する必要がある。

"引っ張り力"を与えている具体例を，図4-9に示す（82ページ）。

(5) 溶接，ボルト，リベットの併用

これらの締結法を併用する場合には，それぞれの特徴を理解したうえで適切に使い分けることが基本である。しかしながら，改造自動車の場合は製作工法上の制約があり，理論通りに使い分けられないこともある。

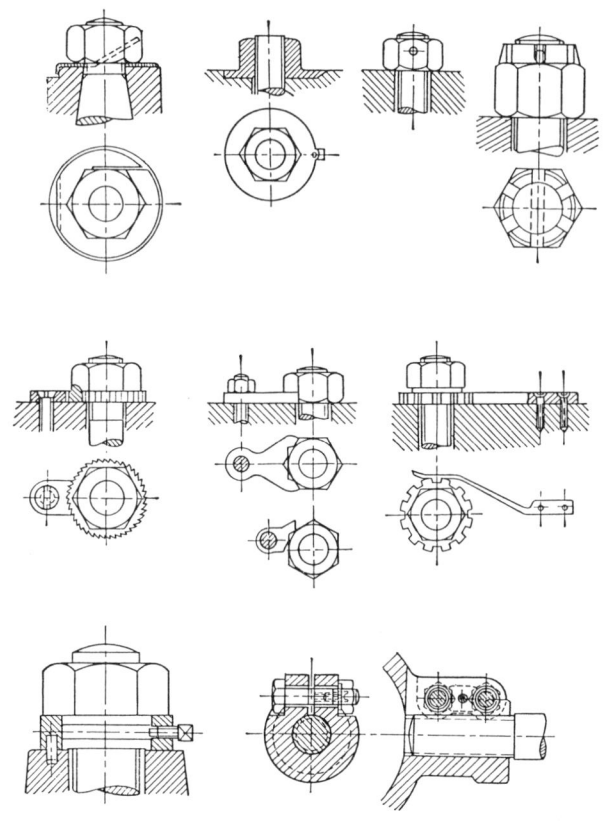

（出典：益子正巳『増補改版 機械設計』養賢堂，1973年）

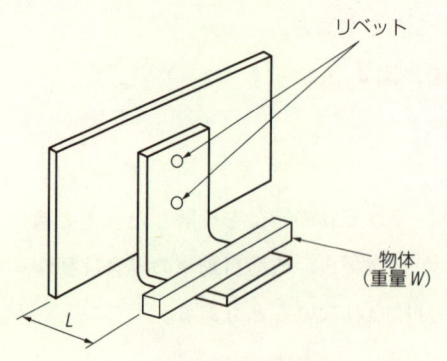

図4-9 リベットに"引っ張り力"を与えている例．距離 $L$ が長いと，モーメント（$= W \times L$）によりリベットには，剪断力のほかに引っ張り力が働く

しかしながら，理論を承知して採用するのとそうでない場合では，問題が発生した時の対応に大きな差ができてしまうので，理論を軽視すべきではない．

①溶接はリジット（剛結合）

溶接は短時間に施工できるので加工費が安い．また，構造物を一体化するので結合剛性が最も高く，小型軽量化に適する．

その反面，作業者の技量に対する依存度が高く，応力集中も起こりやすい．ひとたび亀裂が生じると，一気に亀裂が進展する欠点もある．

②リベットはフレキシブル（柔結合）

リベット作業は事前に穴あけを必要とし，溶接に比べて加工費が高い．しかし，結合剛性が低いぶん，フレキシブルさを有することが最大のメリットとなっている．また，部材に仮に亀裂が生じても進展速度が緩やかで，異種材料の結合にも使えるという長所がある．

③ボルトは溶接とリベットの中間

ボルト締結は，溶接とリベットの中間的な性格を持っている．

すなわち，ねじ加工もしくは穴加工などの費用がかかり，ボルトが付加されるため小型軽量化には不利である．長所は，結合剛性がある程度自由に選択できるし，異種材料の結合にも都合がよい．

④締結法の併用例

以上に述べた締結法が併用されている典型例として，シャシーフレームの締結がある．

シャシーフレームの締結は，現状では次のような特徴がある．

まず，日本車のフレームは，3種の締結法が混在し，一見すると無秩序

な印象を受けるが,生産性向上と費用低減の観点でそれぞれの特徴が生かされている。これに対して欧州車のフレームは日本車よりもフレキシブル性を重視しているように見受けられ,溶接部位が大幅に少ない。いずれにしても,各社とも締結法の選択は経験によって積み上げてきたノウハウが多く,単純にはボルトあるいはリベットなどに統合できないようである。

(6)応力集中の防止

改造自動車の設計でよく使われる応力集中の防止策は,以下のようなものがある。

①グラインダーの研磨跡の付け方

フレームなどの部材を切断すると,傷跡から亀裂が進展しやすく,ほとんどが疲労破壊につながっている。

この防止策として,切断後のグラインダー仕上げの研磨跡を長手方向に付けるとよい。図4-10に研磨方向の違いを示す。

②段差のR拡大

例えば,シャフトの段差部などで隅部Rが小さいと,応力集中が生じ,

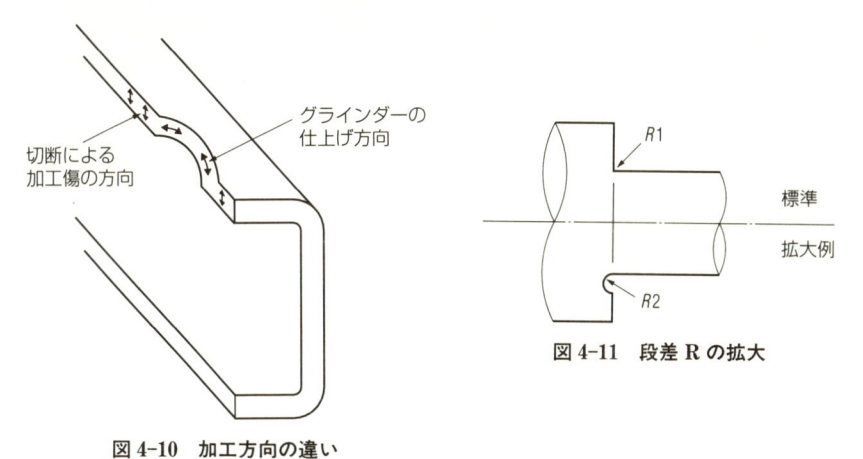

図4-10 加工方向の違い

図4-11 段差Rの拡大

亀裂が発生することがある。この防止策として，段差の隅部Rを拡大し，応力集中を回避する。図4-11に段差のR拡大を示す。

③捨てリベット

フレームなどで，使用していない穴に亀裂が発生することがある。

捨てリベットは，この穴にリベットを打ち込み，縁の部分に圧縮の残留応力を発生させて，亀裂を防止する方法である。

④そのほかの応力集中防止策

フレーム系でよく使われる応力集中の防止策を，図4-12に示す。

## 4.3 電気系

電気系統の改造設計技術は，電子制御の普及や車両のインテリジェント化に伴って，近年ますます重要になってきている。

### (1) 電気の重要性

自動車技術者は歴史的に，電気のことは電気技術者に任せきりにしてきた体質があり，このためますます電気から遠ざかってしまう傾向がある。

しかしながら，これからの自動車は電気システムの良し悪しが使い勝手を左右する。その背景には電子制御の著しい普及と電気駆動システムの増大があり，極論すると，電気がなければセンサーやコントローラーが働かず，自動車はまったく動かないともいえる。

電気系の改造設計においては，電流の回り込み現象とノイズに対する確認技術が極めて重要になっている。また，改造設計では製造部門に対する作業指示書がないことがある。だが，

①端子の接触不良を防止するため，電線端子のナット類を規定トルクで確実に締結すること。

②コネクタ類は仕様書通りに最後まで確実に差し込むこと。

4.3 電気系　85

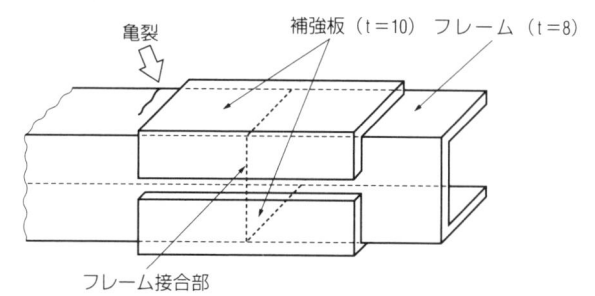

①溶接部断面に対しては急激に大きな変化を持たせない。図は，フレームの補強に際し，断面の変化を考慮せず厚すぎる補強板を使った例。急激な断面変化は亀裂発生の原因となる

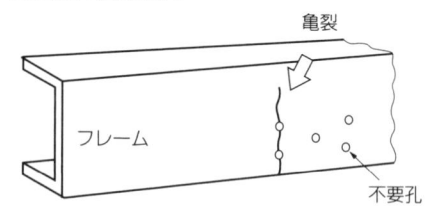

②不要孔は埋めること

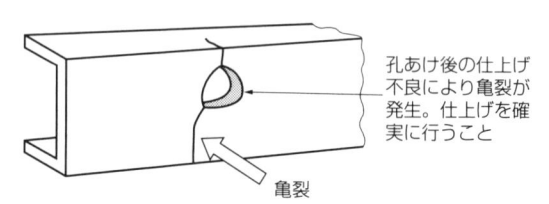

③フレームに対する孔あけ処理の不具合

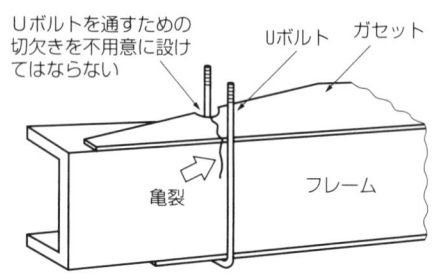

④ガセット加工の不具合

図 4-12　応力集中の防止策

などを,作業指示書で現場に徹底する配慮が大切である。

電気系統は取扱いを誤ると,車両火災にもつながりかねない。電気の取扱い不良によると推測される車両火災の実例は,後述することにする。

(2) 電気系統の分離とグループ化

すでに一部の標準車では,系統別複合構造を有する多重通信システムが採用されるようになっている。これは,電気系統を通信速度の異なるボディ系,車両運動制御系,情報系の3系統に分離し,電子装置にゲートウェイ機能を持たせて,各系統間のデータの送受を行っている。この考え方は複雑化した電気・電子系を取り扱う場合の対応策を示唆するもので,配線を系統ごとに独立させて,再グループ化する考え方に立っている。

実をいうと,改造自動車はこれと同じ考え方をすでに設計に取り入れている。例えば,標準車から引き継ぐ電気系と,改造自動車の架装物が使用する(後から追加する)電気系の分離などである。

改造自動車の電気系統は,これからも一層の多重化が見込まれる。無用な混乱を防止して,故障時のトラブルシューティングを容易にするため,電気系統の分離とグループ化は,今後も継続する価値がある。

また,我が国でも西暦2000年から電子機器を搭載した新型車すべてに,故障診断装置(オンボード型診断器)の装着が義務付けられるようになっている。これらとの連携・協調も,ますます重要になっている。

(3) ワイヤーハーネスの肥大化と固定

車両の進歩に伴って,ワイヤーハーネスは複雑化と肥大化の一途をたどっている。改造自動車の場合,これらにさらに,架装物が使用する電気系統を追加する。そのため,ワイヤーハーネスの複雑化と肥大化は避けられず,なかでも特に肥大化が大きな障害になっている。

この取扱いに関しては,束ね方と固定の方法がポイントになる。

①ワイヤーハーネスの束ね方

　ワイヤーハーネスは，一ヵ所にむやみに束ねない。これを無視すると，電磁誘導により他の回路から影響を受け，機器が誤作動を起こすことがある。この現象は電子制御系統に影響が出やすいが，詳細は後述する。

②ワイヤーハーネスの固定法

　ワイヤーハーネスは，燃料系，ブレーキ系の配管に固定してはならない。これを無視すると，ハーネスの被覆が破れてショートした場合，燃料などに引火して，車両火災を招きやすい。

③ワイヤーハーネスのアンテナ作用

　ワイヤーハーネスは，外部から侵入してくる電磁気に対してアンテナの役目を果たしてしまう。そのため，ワイヤーハーネスはできるだけ長くならないよう，各装置類の配置を工夫する必要がある。

(4)パワー電源系統

パワー電源系統に関しては，火災防止のため必ずヒューズを入れること，電圧の降下を防ぐため配線の長さをみだりに長くしないことが，大原則になっている。

①スターター系統（バッテリー移設を含む）

　スターター系統には，大電流が流れる。そのため改造にあたっては，慎重な検討が要求される（スターター系統でミスを犯すと，車両火災を引き起こす危険性が格段に高まってしまう）。

　具体的な設計上のポイントは，

　a）電線のサイズを適切に選定する。

　b）電線がほかの部品と擦れ合ってショートすることがないように，電線を通す経路を適切に設けるとともに，クランプ類を用いて電線を確実に固定する。

　なお，バッテリーターミナルが外れた時に生ずるサージ電圧は，大型ト

ラックの場合，50〜100Vにもなる。そこで，電子機器への悪影響がないように，過渡電圧吸収回路を組み込むことも考慮する必要がある。
②照明系統
　照明系統は歴史的には，白熱ランプからハロゲンランプ，そしてディスチャージランプへの流れをたどっている。ランプの進化とともに構造も複雑になってきたが，改造自体はそれほど難しくはないので，メーカーの規定を遵守して取り扱うようにすれば十分である。
③リレーの組込み
　リレーは，スイッチの接点容量の不足を補うために使用する。中・大型トラックに使われる24V系スイッチの接点容量は，通常，1A程度となっている。これを超える電流を流す時，リレーが必要になってくる。
　なお，リレーにはさまざまな種類があるので，容量が適切なリレーを選ぶことが大切である。

(5) 弱電系統（電子制御などの信号系回路）
弱電系統に関しては，電磁波障害の防止に，特に配慮する必要がある。
①電子部品に対する考え方
　車両には，エンジン，トランスミッション，ABS，エアバッグなど，数多くの電子制御部品が載っている。改造自動車の多くはこれらに加え，例えば，救急車であれば電子部品を組み込んだ医療機器，消防のハシゴ車の場合にはハシゴの電子制御装置を載せている。
　車両用電装部品のうち，内部にコイルを有するリレー，ソレノイドバルブなどは作動時に大きな逆起電力が発生し，電子回路の素子を壊したり，誤作動を起こさせる。対策としては，以下が効果的である。
　　a）配線を沿わせる経路の変更
　　b）ノイズフィルターの設置
　　c）電磁シールド（遮蔽）の設置

d) バイパスコンデンサーの設置
② 誤作動防止を考慮した改造設計
　a) 配線の束ね方

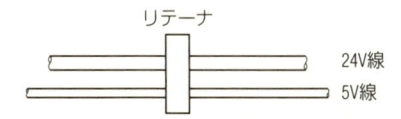

図 4-13　電線の束ね方. 24V 線の強電界のノイズを拾いにくくするために, 5V 線は分離する

　　　電子系のコントロールシステムの作動電圧設定は, 5V 前後が主流である。電子コントロールシステム用の 5V の電線と, 中・大型トラックによく使われている 24V 電線を一緒に束ねると, 24V 電線に大きなサージ電圧が作用した時, そのノイズを 5V 電線が拾ってしまい, 電子コントロールシステムが誤作動を起こすことがある。

　　　したがって, 電子コントロールシステム用の低電圧の電線は, 24V 電線と一緒に束ねないことが望ましい。図 4-13 参照。

　　　なお, どうしても近くに配置しなければならない場合には, 低電圧の電線に専用のシールド線を採用するか, 電磁シールド（遮蔽）を設置するなど, なんらかの対策が必要になる。

　b) 電磁干渉の遮蔽

　　　電装部品を追加装着する場合, 電子コントロールシステムに悪影響がないように, システム全体をシールド（遮蔽）できればこれに越したことはない。特に, 電磁干渉防止機能のないリレーやソレノイドバルブなどを使用せざるを得ない場合には, 追加する電装部品のシールドが避けられなくなってくる。

　c) 金メッキ端子

　　　電子コントロールシステムは微電流を用いており, 配線や接続端子の電気抵抗が原因で, 作動不良を起こしやすい。これを防止する目的で, 金メッキ端子が用いられることもある。

(6) 車載通信機器のノイズ

消防車や除雪トラックなどは, いわば移動無線局として, リアルタイムで

交信しながら作業にあたることが少なくない。通常，無線交信はぎりぎりの電波強度で行われるので，車載通信機器に対するノイズ防止設計技術が重要な意味を持つようになる。

車載通信機器へのノイズの侵入対策は，原因，侵入経路，症状を適確に判断したうえで対策しなければ効果がない。

通常，ノイズが入る経路としては，電源系とアンテナ系が考えられる。電源系からのノイズには，市販されているノイズ対策専用のフィルターを組み込む方法がある。また，アンテナ系からのノイズに対しては，通信機器のアース効果を高めると，障害が解消することがある。例えば，28 MHz 帯の通信機器の場合には，車台とボディの間をボンディングワイヤ（細い導線が編まれている線）でつないでやると，よい結果が得られやすい。

改造自動車におけるアース効果の高め方は，ドアとキャビン本体，キャビン本体とシャシーフレーム，さらにはシャシーフレームとアクスルなどをボンディングワイヤでつなぐ方式が採られている。こうすることで，各部の電位を一定にしてボディアースを良好にし，不要なノイズを抑え込む。消防車や警察車両に採用例が多くある。

ただし，この方法も，高周波ノイズの場合には有効に機能しないことがあるので注意する。なぜなら，一般にアースが有効なのは，アース線からアース電極を経由して大地へ電流が流れた時に，アース点の電位が簡単には変動しないことによる。つまり，電流が流れても大地の側には電位の高低差（分布）が生じにくく，アースはこれを利用しているわけである。ところが，車両のボディを大地の代わりにする場合には，アース点を通過するノイズの周波数によっては，電位に高低差が生じ，アースが有効に機能しない。

また，以上の例とは反対に，通信機器の電磁界がエンジンなどの電子制御装置に作用して，誤作動を起こさせることもある。そのような場合は，前述「(5) 弱電系統」の対策を考慮する必要がある。

(7) 静電気のアース

車体に静電気が蓄積されて、ドアを開けようとして手で触れた途端に放電し、ショックを受けることがある。

街中でアースベルトを取り付けた自動車を見かけるが、概して寸法が小さく、また路面に密着していないものもある。だが、このようなアースベルトでも、静電気にかぎっていえば、ある程度の効果が期待できる。

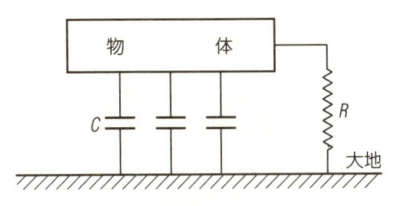

**図 4-14　静電気アースのモデル**

アース効果に関するモデルを、図4-14に示す。

アースベルトは、寸法が小さく大地との密着性も悪いので、接地抵抗は高くなる。いま、自動車のボディと大地の間の抵抗がかなり高く、双方の間に純粋な静電容量 $C$ (F) が分布していると仮定する。この時に実際の自動車で実測すると、静電容量 $C$ の値は、1000 (PF) 程度が通常である。自動車に静電気接地を施し、接地抵抗を $R$ ($\Omega$) とすると、静電気は図のように、$C \times R$ (s) という時定数 $\tau$ で放電される（時定数とは、過渡的現象において、それが続く長さの目安となる定数のこと）。

自動車の静電容量は、自然発生的な静電容量であり、コンデンサのように意図的につくった静電容量とは異なっている。したがって、容量 $C$ (F) は小さく、例えば前述のように、1000 (PF) つまり10の-9乗 (F) 程度にしかならない。そうすると、アースベルト部の抵抗 $R$ が仮に10000 ($\Omega$) であったとしても、時定数 $\tau$ は10の-5乗 (s) となり（$\tau = C \times R = 10^{-9} \times 10000 = 10^{-5}$）、この微小な時定数で放電される。そのため、路面に密着していない小さなアースベルトであっても、ある程度の機能を果たす。したがって、高価な医療機器などが載っている改造自動車の場合には、アースベルトは価格が安いこともあり、検討を行わず無条件に装着することもある。

なお、乾燥時、車内での移動や降車時に生じる静電気電荷が電子機器に放電し、誤作動や故障を起こすことがある。このため、静電気放電試験法が、

JASO-D-001 に定められている。

### (8) 発電量の増大

発電量を増やす方法は，ジェネレーターを大容量型に変更するか，数を増やすツインジェネレーター化が一般的である。大型トラックを改造した除雪車は，80 A 以上のジェネレーター搭載が一般化しつつある。

発電量を増やす際には，ジェネレーターの変更だけでなく，以下の項目についても対応することを忘れてはならない。

① 電線の太さや端子を大型化する。
② バッテリーの適合性を確認する。
③ ヒューズ容量を大型化する。

### (9) 定電圧装置 (コンバーター)

我が国の自動車用電源電圧は，一般に，乗用車系が DC 12 V，大型トラック系が DC 24 V である。

ジェネレーターで発電される電気は，ジェネレーター（エンジン）の回転数の変動により，例えば大型トラック系の場合だと，電圧が 21 V から 32 V くらいの範囲内で変動することが普通である。だが，無線通信機器は電圧の変動を嫌うし，13.8 V 定格仕様が多いので，無線通信機器の搭載に際しては，電源系に定電圧装置を組み込む。

定電圧装置の組込みは，メーカーの説明書通りに作業を進めなければならないが，150 W 級の無線機器用定電圧装置（コンバーター）は発熱量が大きいために，放熱性にも注意する必要がある。

### (10) その他の注意事項

① 電源の継続供給

エンジンを始動させるためスターターモータを作動させている最中は，

スターター以外の系統は電気が供給されなくなっている。バッテリーを内蔵していない制御機器が改造自動車に積まれていると，この時に不都合が起こってくる。つまり，キースイッチをACCに合わせて設定値を入力し，これをメモリーに保存した状態でエンジンを始動させると，スターター以外は電気が供給されなくなるので，メモリーが消失してしまう。

このような場合は，電気が継続して供給されるよう，例えばバッテリー直結電源を確保する回路に変更する必要がある。

②新しい装置への対応

技術の発展に伴って，従来は想像もできなかった新しい装置が数多く登場するようになり，例えば，レーザーレーダー車間距離保持装置や赤外線透視ディスプレーなどが次々に開発されている。これらの装置は，専用システムになっていることが多いので，装着する場合には，メーカーとよく調整することが大切である。

また，省エネルギー対策として，42V型高電圧電装品の開発が進められている。この42V高圧回路と電子制御系の5V低圧回路が併用されると，電磁波障害の防止がますます重要な課題になるだろう。

## 4.4 駆動系

駆動系（パワートレイン系）の改造例は，枚挙に暇がないほど数多い。ここではなかから，エンジン，変速機，推進軸の改造設計を取り上げる。

(1) エンジンの改造に対する考え方

近年のようにコンピュータ制御が一般化してくると，昔ながらのポートを研磨するようなエンジンのチューニングアップ方法は，現実問題として減少する傾向にある。ポート研磨のような地味な作業は，時間がかかる割には出力向上代が少ないし，さらに最近のエンジンは燃焼コントロールの条件とし

て吸気時の空気渦を利用しており，やたらにポートの形状などを変更すると性能のダウンにつながりやすい。

これらを承知したうえで，あくまでもチューニングアップを望むなら，コンピュータを交換し，エンジンの制御条件を変更することが最も手っ取り早い方法である。しかし，これは最適にチューニングしてあるバランスをわざわざ壊すようなものである。エンジンの改造は，目的をよく見定めて実施する必要があり，みだりに改造することは慎まなければならない。

### (2) エンジンの出力アップ

#### ①エンジンの載せ換え

エンジンを載せ換える場合，エンジンに続くクラッチ，変速機，推進軸など，いわゆるパワートレイン系統部品をすべて見直す必要がある。車種によっては多くの部品交換を伴わざるを得ず，現実問題として載せ換えは，経済的な理由から推奨できない。それでも，あえて載せ換える必要性が生じた時は，標準車メーカーに相談するのが一番である。

#### ②出力変更

エンジンの出力アップを目的として，従来は，ガソリンエンジンにおいては大径キャブレターへの換装，ディーゼルエンジンにおいては噴射ポンプの噴射量増加など，供給燃料を増やす手法が改造では採用されてきた。

しかしながら，ガソリン，ディーゼルを問わず，今日ではほとんどのエンジンが出力だけでなく排出ガスも，浄化性能向上のため電子制御されている。したがって，出力を変更する場合は，個々の部品だけでなく，コンピュータも変更する必要がある。

コンピュータの変更（現実的には交換）は予想外に費用がかかり，出力を上げる場合にはさらにパワートレイン系統部品も同時に交換することになる。このため，改造費用が高額になり，エンジンの出力の変更も推奨できない改造である。変更の必要がある時は，標準車メーカーと相談しなが

ら実行することになる。

③ディーゼルエンジンのガバナ交換

"ガバナ"は，ディーゼルエンジン特有の装置で，エンジンの回転速度を調節する調速機である。例えば，上り坂にさしかかると，運転者はエンジンの回転速度が落ちないようにアクセルペダルを踏み込むが，この場合には人間（運転者）が，ガバナの役目を果たしている。

ところで，大型車用ディーゼルエンジンには，リミットスピード型ガバナとオールスピード型ガバナの2種類のガバナ特性がある。

リミットスピード型ガバナは，ペダルが軽くて操作性に優れ，しかも比較的安価なために多くの車種で採用されるが，回転を保つ機能を運転者が補完してやる必要がある。

オールスピード型ガバナは，ペダルが重くて操作性が鈍く，そのうえ高価ではあるが，回転を保つ機能に優れるために，一部の車種では必須の装備となっている。

オールスピード型ガバナを必要とする改造自動車は，例えば汚泥吸引車などである。汚泥吸引車がPTOに接続した汚泥吸引機を作動させると，作動と同時に負荷が急激に作用して，リミットスピード型ガバナではエンジンの回転が下がってしまう（はなはだしい場合には，エンジンが停止してしまう）。これに対して，オールスピード型ガバナは，負荷が急激に作用した場合でも燃料の噴射量を自動的に増加させ，回転を一定に保てるという利点がある。

このように，大きな動力を必要とする改造自動車の場合は，ガバナ変更を余儀なくされるが，ガバナは燃料噴射ポンプと一体であり，値段も高価で，難しい改造となっていた。

しかし，最近は制御性能の優れた電子ガバナが標準車に普及してきたため，改造時のガバナ変更が不要になり，前述の悩みも徐々に解消されつつある。

(3) トランスミッション

トランスミッションの改造は，

①特定ギア（例えば3速）のギア比変更

②5段型から6段型への載せ換え

③マニュアル型からオートマティック型への載せ換え

などがある。いずれも，例えば輸出車用につくられている部品などがある時は，それらを流用することで，比較的簡単に行える。

なお，①と②の改造例は通常それほどは多くなく，③は空港用の改造車両に比較的多く見られる。ただし，③の改造は標準車メーカーが指揮をとるケースが多いので，本書では説明を省きたい。

(4) 推進軸

経験からいえることだが，改造のなかでも最も件数が多いのが，推進軸の改造（特に長さの変更）である。

軸距やトランスミッションなどの改造は長さの変化を伴っているため，いずれも改造による長さの変化を吸収する必要がある。そのため，推進軸の長さを変更する改造は件数が多くなっている。

以下，推進軸の改造の際，検討すべき事項を述べていく。また，参考として，改造申請書用の強度検討書の実例を165ページに示している。

①推進軸の危険回転数

推進軸の危険回転数に関する検討は，最も基本的な項目である。その考え方は，曲げ振動理論に基づいている。

いま，一様断面を有する棒の一次横固有振動数（曲げ共振）を$f_0$とすると，両端が単純支持（点支持）の場合，$f_0$は右のページの基本式で表せる。

この基本式に各数値を代入して$f_0$を求め，さらに，推進軸の1分間あ

推進軸（シャフト）の一次固有振動数（曲げ振動）

$$f_0 = \frac{\pi}{2L^2} \sqrt{\frac{E \cdot I \cdot g}{\gamma \cdot A}} \quad (\text{Hz})$$

ただし，

$f_0$：シャフトの一次曲げ固有振動数（Hz）

$L$：支点間距離（ジャーナル間隔）（mm）

$E$：縦弾性係数（シャフト用鋼材＝20600）（kg/mm²）

$I$：断面2次モーメント

中空シャフトの場合，$I = \dfrac{\pi(d_0^4 - d_1^4)}{64}$ （mm⁴）

$d_0$＝シャフトの外径（mm）

$d_1$＝シャフトの内径（mm）

$g$：重力加速度　9800（mm/s²）

$\gamma$：単位体積あたり重量（シャフト用鋼材：$7.85 \times 10^{-6}$）

（kg/mm³）

$A$：断面積　シャフトの場合，$\dfrac{\pi(d_0^2 - d_1^2)}{4}$ （mm²）

たりの回転数 $N_c$（rpm）に換算するため $f_0$ を60倍すると，鋼管の場合の危険回転数は，

$$N_c = 0.1195 \times 10^9 \times \frac{\sqrt{d_0^2 + d_1^2}}{L^2} \quad (\text{rpm})$$

となる。

一方，推進軸の最大回転数 $N_x$ は次式によって表せる。

$$N_x = \frac{N_e}{r}$$

$N_e$：エンジン最高回転数

$r$：トランスミッション最高速段の変速比

ここで，推進軸の危険回転数に関する安全率を $S_f$ とすると，$S_f$ は以下を満足させるよう，通達によって決められている．

$$S_f = \frac{N_c}{N_x} \geq 1.3$$

なお，最高速度が比較的遅い自動車を改造のベースとする場合，ギアをニュートラルにして高速で降坂する惰力走行時に，危険回転数領域に接近するケースが想定される．したがって，このことも考慮して，検討する必要がある．

②推進軸のねじり振動

推進軸のねじり振動は，エンジンのトルク変動や，推進軸の交角の影響による角速度変動などが推進軸のねじり固有振動数と共振して発生し，多くの場合，曲げ振動よりも対策が困難になっている．

いま，推進軸のねじり固有振動数を $f_1$ とすると，右のページの式のように表せる．

ねじり固有振動数 $f_1$ は，シャフトの長さ $L$ の平方根に逆比例する．そのため，推進軸の全長（複数の推進軸の長さを合計した値）が長くなると，推進軸のねじり固有振動数が低下して，推進軸の交角による起振力変動と共振することがある．したがって，軸距を大幅に延長する改造時には，推進軸のねじり固有振動数のチェックを怠ってはならない．

推進軸（シャフト）のねじり固有振動数

$$f_1 = \frac{1}{2\cdot\pi}\sqrt{\frac{\pi\cdot(d_0^4-d_1^4)\cdot G}{J\times 32\times L}} \quad (\text{Hz})$$

ただし，
 $f_1$：ねじり固有振動数（rad/s）
 $d_0$：中空シャフトの外径（mm）
 $d_1$＝中空シャフトの内径（mm）
 $G$：横弾性係数　鋼の場合は 8400（kg/mm²）
 $J$：慣性モーメント（kg・mm・s²）
 $L$：シャフトの長さ　（mm）

③推進軸に作用するショック荷重

推進軸に作用する荷重は，通常の負荷トルクを $T_p$ とすると，次の式で算出される。

$$T_p = T_e \times r_1 \times \eta \quad (\text{kg·m})$$

ただし，
 $T_e$：エンジンの最大トルク（kg・m）
 $r_1$：変速機の 1 速ギア比
 $\eta$：変速機の伝達効率

ところが，車両が発進する時は，さらに大きなトルクが作用することがわかっている。これをショックトルク $T_s$ といい，実測すると発進時のショックトルク $T_s$ は，通常の負荷トルク $T_p$ の約 2 倍にもなっている

($T \fallingdotseq 2 \times T_p$)。

　ただし，クラッチのスリップトルク $T_c$，もしくはタイヤのスリップトルク $T_t$ が，ショックトルク $T_s$ よりも低い場合は，このトルク $T_c$ か，もしくは $T_t$ が上限になる。

　なお，クラッチのスリップトルク値は，標準車メーカーから入手する必要がある。一方，タイヤのスリップトルクは，次式で求める。

$$T_t = \mu \cdot R \cdot W \quad (\text{kg} \cdot \text{m})$$

ただし，
　　$\mu$：路面とタイヤの摩擦係数（このケースでは通常 0.6～0.8
　　　　程度を用いる）
　　$R$：タイヤの有効回転半径（m）
　　$W$：駆動軸のタイヤにかかる荷重（kg）

　いずれにしても推進軸は，ショックトルク $T_s$ で降伏しないことが必要である。また，駆動系全体として考えると，リアアクスルシャフトより，推進軸の強度に余裕を与えることも大切である。

④推進軸の交角

　世界的にほとんどの標準車メーカーが，推進軸の長さを変える時，変更に伴う推進軸の最大許容交角を6～8度以内とするように求めている。設計時には，この値を守る必要がある。

　また，推進軸の交角は，通常の積載状態で推進軸がほぼ一直線（すなわち0度）になるように配置することが普通である。ただし，交角が0.5度未満だとカルダン継手内部のニードルベアリングの溝が損傷するので，交角を0.5度以上とするように求めている外国車もなかにはあるので，注意

する必要がある。

　なお，実際には推進軸の交角を基準値に合わせるだけでは，推進軸からの振動や異音を防ぎきれないことがある。推進軸の交角による起振力変動だけでなく，推進軸の曲げ振動やねじり振動も互いに影響しあっているからである。そこで，最大回転数と交角の積を一定値以内に抑えることも併せて行われている。例えば，下記の計算式の $Z$ 値を30000程度以内とすることが提案されている。

$$Z = N \cdot \theta$$

ただし，
　　$N$：推進軸の最高回転数（rpm）
　　$\theta$：推進軸の交角（度）

　いずれにせよ，推進軸の変更は，推進軸の交角を標準車メーカーが定めた範囲のなかに収めておくことがポイントである。

⑤カルダン継手（十字継手）のグリースニップル位置

　図4-15に示すような十字継手の場合，推進軸を分解して組み立てる時，グリースニップルの取付け位置に注意する必要がある。

　つまり，取付け位置が十字継手本体の圧縮側か引っ張り側かをチェッ

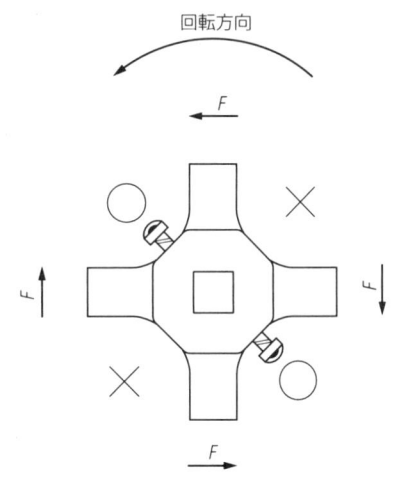

**図4-15　カルダン継手（十字継手）のグリースニップル位置**

クして，圧縮側に取り付ける．引っ張り側にグリースニップルが位置すると，十字継手の疲労寿命が著しく低下して，早期破損の原因となる．

　実際問題としては，組立てミスを起こさぬように製造部門に対して組立て指示書を発行する．

⑥推進軸の改造設計

　推進軸の改造設計においては，推進軸の長さと交角の算出，算出結果に対する判断が，主な検討事項になってくる．以下，検討時の留意点を説明する．

　まず，推進軸はほとんどが，高張力鋼管と鍛造成型品の特殊溶接部品である．そのため，推進軸を一度切断して再溶接することは，厳重に禁じられている．なぜなら，推進軸の長さを延長する場合はもちろんのこと，短縮する場合であっても，寸法の精度が確保できないだけでなく，溶接熱の影響により強度が著しく低下するからである．

　また，強度の低下度合を目視で判定することが難しく，品質保証が困難である．推進軸の改造は，このように多くの制約があることを承知しておく必要がある．

　納期などとの関連で，推進軸を切断して再溶接した場合には，この推進軸の使用は一時にとどめ，できるだけ早期に純正品と交換することが望ましい．

　したがって，推進軸はできるだけ，標準車用と同一シリーズの長さ違いを使用する．このような用途に備えて中・大型トラックのメーカーは，長さの異なる純正推進軸をほとんどの車種でつくっている（一部外国メーカーは整っていないこともある）．純正推進軸は，許容最高回転数（限界回転数）と許容入力トルクが明示され，安心して使用できる．また，地方運輸局も，認可に際して，推進軸が標準車メーカーの純正品であることを改造届出書に記載するよう求めている．

以上，推進軸の改造をまとめると次のようになる。

a) 推進軸の長さ：標準車メーカーの架装要領書に従って算出する。
b) スプライン部の嚙み合い長さ：標準車メーカーの指定範囲内とする（スプライン部の面圧に関わる）。
c) 交角：$\beta 1 = \beta 2$（事実上等速になる）。
d) 振動・騒音：交角と回転数を適切な範囲に収める。
e) 推進軸単体の溶接など：溶接を含めて，熱を加える加工を行ってはならない。

### (5) 動力取出装置(PTO)取付けの留意点

PTOの取付けに関し，設計上留意すべきことを述べる。

#### ① トランスミッションPTOとシンクロ性能

トランスミッションPTOは，通常，トランスミッションのカウンターシャフト系から駆動されているので，PTOに接続されているオイルポンプなどの負荷系の質量が大きいと，変速時に同期すべき系の慣性や抵抗が増大し，シンクロ性能が著しく悪化する。

したがって，一般走行時にはトランスミッションPTOの嚙み合いをOFFにすることが本来の使い方となっている。

塵芥車の一部では，走行しながらPTOを作動させ，塵芥の回収装置を駆動している例があるが，トランスミッションのシンクロ性能やシンクロ寿命に悪影響があることを認識しておく必要がある。

#### ② PTO駆動系のねじり振動

PTOに接続される負荷系の駆動系慣性と，PTOに接続される駆動シャフトのねじりばね定数の関連により，エンジンとの間でねじり振動を発生させることがある。通常，このねじり振動は，異常振動あるいは異常音として感知される。

ねじり振動を防ぐには，エンジンのトルク変動と負荷のトルク変動を考

慮して，あらかじめねじり振動に関する検討を行っておくことが必要である。特に，機械的に直接つながっている駆動方式の場合は注意する。

ねじり振動が発生したら，理論上は共振点をずらせばよいことだが，実際は駆動軸の軸径を変更するか，ねじりダンパーを装着するなど，大掛かりな対策になるケースが少なくない。第5章・対策の項参照。

## 4.5 制動系

制動系は重要保安部位であることから，標準車メーカーが改造を認めない場合がほとんどである。制動系の改造は，すべての責任が改造者に及ぶことを考慮して，万全な設計を心がけなければならない。

### (1) 倍力装置移設

倍力装置の移設改造で注意しなければならない点は，倍力装置の作動応答性の悪化と，配管系の亀裂発生防止である。

①倍力装置の作動応答性悪化

倍力装置の移設による作動応答性の悪化は，倍力装置の多くが圧縮空気によって作動するため，倍力源である圧縮空気の伝達応答性が低下することにより起こってくる。

対策は，

a) 倍力装置専用のエアタンクを増設する。

b) 倍力装置につながる配管の太さを拡大するか，配管の長さを等しくする。

など，主として空気の圧力が遅れず均等に伝わるようにする。

②配管の亀裂発生防止

倍力装置の移設に伴い，倍力装置に接続された配管系に亀裂が発生する原因は，ほとんどが振動の影響と考えられる。

対策は，
　a）配管の振動方向を適切に予測し，効果的に配管を固定する。
　b）配管が振動しないよう，倍力装置をしっかりと取り付ける。
など，主として配管に余計な振動を伝えないことである。

(2) エアタンクの移設・増設
①エアタンクの気水分離性

エアは，圧縮されると熱を持つ。これは圧縮着火方式のディーゼルエンジンを思い起こせば，よくわかることである。

ところで，圧縮された空気は，水分を含んでいることを忘れてはならない。水分を含んだ圧縮空気を制御バルブで必要量だけ絞って使うと，圧縮空気が倍力装置の作動室に流入する時，体積が急膨張することによって温度が急激に低下する。この温度低下によって凝縮水が発生し，寒冷地などでは凝縮水が空気通路の途中で凍結するという不都合がある。この現象は，鉄道用のエアブレーキシステムではよく知られたことである。

そこで，圧縮空気をできるだけ乾燥した状態に保つべく，エアドライヤーを装着する車種が増えている（140ページ参照）。だが，基本的には，凝縮水を排出しやすくする配慮がエアタンクには不可欠である。凝縮水を排出する，すなわち気水分離を確実に行うためには，エアタンクをなるべく冷えた場所に配置する。つまり，エアタンクはエアを蓄えるだけでなく，圧縮されて熱くなったエアを冷やす役割も持っているので，温まらない場所に設置することが，移設設計のポイントである。

余談になるが，エア配管系統はこれとは逆に，エアを冷やさないように注意する。理由はエアに含まれた水分が，配管経路内で凍結しないようにするためである。

②エアタンク増設に伴う充填時間の増大

エアコンプレッサを変更せずにエアタンクの容積を大きくすると，供給

すべきエアの容量が増えるため，必然的に充填時間が長くなる。したがって，エアタンクの増設は，エアの必要量をよく検討したうえで実施すべきで，いたずらに行ってはならない。

③エアの充填計算式

エアタンクの容積を大きくする場合のエア供給能力の検討は，標準車に関しては各メーカーが独自の計算式を持っており，それらに譲ることにする。本書では，改造自動車用として，扱いやすくて簡便な計算式を挙げておく（107ページ）。

なお，この計算式は，「「改造自動車等の取扱いについて」に係る細部取扱いについて」（通達自技第240号）で開示されたものである。

上記の基本式に，改造自動車のエアタンク容量，単車あるいは連結車の定数および空気補給量などを代入して $P_6$ を求め，単車，連結車いずれも，$P_6 > 4.5$（kg/cm²）（絶対圧）であればよい。

(3) ブレーキ液タンクの移設・増設

①雨などからの保護

よく知られているように，ブレーキ液は吸湿性を持っている。したがって，ブレーキ液タンクの移設の際は，雨水などが浸入せぬよう保護することはもちろんであり，さらには，配置する場所も考えて，自車が跳ね上げた泥水が侵入しないようにする。

②熱源からの保護

ブレーキ液タンクは，排気管やエンジン本体などの熱源に影響されないところまで遠ざける。場合によっては，遮熱板の設置も必要になってくる。

参考として，実車における走行期間と沸点低下のデータを図4-16に示す。

（ブレーキ）エア供給能力

$$P_6 = P_0\left(\frac{V_t}{V}\right)^6 + X \cdot V_0$$

ただし，

$P_6$ = 6回踏み込んだ後のエアタンク圧力（kg/cm²）

$P_0$：初期圧力（8 kg/cm²）

$V$：$V = V_t + V_p + V_c$（ℓ）

$V_t$：エアタンク容量（ℓ）

$V_p$：エア配管容量（ℓ）

$V_c$：エアチャンバ容量の合計（ℓ）

$X$：タンク配管およびチャンバ容量による定数

（単車：0.12，連結車：0.05）

$V_0$：空気補給量（ℓ/sec）

$$V_0 = \frac{N}{60} \times T \cdot \eta \cdot V_a$$

$N$：原動機最高回転時のコンプレッサ回転数（rpm）

$T$：ブレーキ踏み間隔時間（10 sec とする）

$\eta$：コンプレッサ効率（0.6 とする）

$V_a$：コンプレッサ総排気量（ℓ）

＊上記の式は，初期圧力を 8 kg/cm² に，コンプレッサ効率を 0.6 に限定し，タンク配管およびチャンバ容量による定数も限定するなど，必ずしも実車そのものを表しているわけでない。だが，改造用として実績があると同時に扱いやすい式なので，ここで採用することにした。

108　第4章　改造自動車・設計の基礎とポイント

### (4) 配管設計上の注意

配管の亀裂は，発生頻度が高いのに見過ごされがちなトラブルである。

①配管に振動の逃げを設ける

　配管は剛体ではないから，各部品の相対変位の差が顕著に作用することが多い。したがって，配管には柔軟性を持たせることが設計上のポイントである。

　図4-17参照。

②配管フレアー部の応力集中

　自動車の空気系や油圧系に用いられる直径 $10\phi$ クラスの二重巻鋼管は，実測によると，約3倍の応力が配管端部のフレアー部に集中することがある。これを認識したうえで，設計にあたる必要がある。

　図4-18参照。


### (5) 圧縮空気系統の保護

今日，中・大型トラックは，圧縮空気を利用した倍力装置付きのブレーキを，ほぼ全車が持っている。このため，圧縮空気系統の保護は，ブレーキ系の保護にもつながっており，極めて重要になってくる。

圧縮空気系統の保護に関する考え方は，世界的には二つの大きな流れがあった。すなわち，アメリカにおいては伝統的に，ワンウェイチェックバルブを組み込む方式が主流であり，欧州においては，マルチプロテクションバルブの装着である。だが，現在は徐々に欧州型に統一されてきている。

いずれにせよ重要なことは，エアが瞬時になくなってはいけないことと，エアが継続的に供給されることである。

具体的には，当面は，標準車メーカーが指定した圧力保護バルブを経由してエアを取り出すことが無難である。

4.5 制動系　109

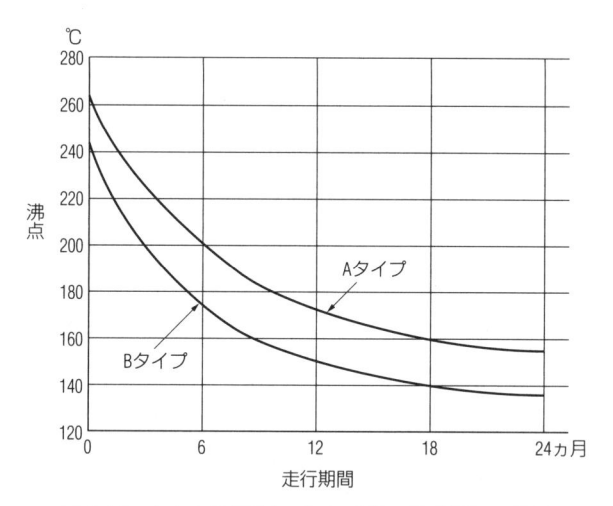

図4-16　実車走行期間とブレーキ液の沸点低下の関係

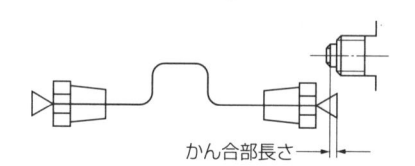

図4-17　配管に柔軟性を持たせた例

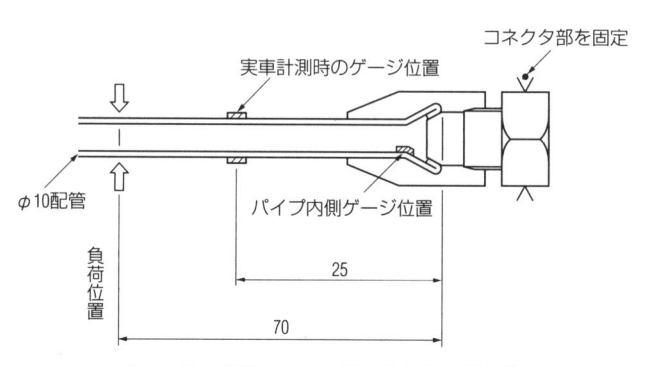

図4-18　配管フレアー部の応力集中測定法

### (6) ブレーキシステムの変更

規制緩和により，ブレーキローターの変更，ホイールシリンダの変更，制御バルブの変更などは改造届出が不要になり，法律上は自由に改造してもよい。しかし，これらの改造は，制動力そのものを変更することになり，設計を一歩違えると，たちまち欠陥車を生んでしまう。そのため，広範な改造設計ノウハウが要求される部分である。

このような背景があるために，世界中のほとんどの標準車メーカーが，ブレーキに関係する改造を依然として認めていない。従来は，ブレーキに関係する改造は，届出が義務付けられると同時に，改造届出書の提出先も，陸運支局ではなく地方運輸局となっていた。こうしたことからもわかるように，ブレーキの改造は安全上，極めて重要である。ブレーキの改造が必要ならば，標準車メーカーと十分に打ち合わせを行いながら，検討することを勧めたい。

### (7) 第3ブレーキ(リターダー)の取付け

近年，燃費性能を向上させるため，パワートレインの摩擦ロスをできるだけ減らすようになっている。そのため，エンジンブレーキの効きが相対的に低下する傾向にあり，対策として，第3ブレーキ(以下，リターダーという)を装着することがある。

リターダーの装着は，駆動時の負荷(正駆動)と制動時の負荷(逆駆動)に対する，駆動系の部品の強度バランスに注意する必要がある。

なぜなら，一般に駆動系の疲労寿命は，正駆動(通常は前進)を全体の95%前後に見込んでおり，リターダーのように駆動系を逆駆動(すなわち制動)する場合は，もともと疲労寿命を多く見込んでいない(全体の5%前後)ためである。なお，一部の新型車ではこの点が改善されているが，注意するに越したことはないであろう。

また，リターダーをトランスミッション後端，もしくはファイナルドライ

ブ前端に装着する時は，それぞれのケースハウジングの強度も確認し，亀裂を招かぬように注意する。

## 4.6 かじとり系統

かじとり系統を改造するケースは多くない。だが，作業車のなかにはこの改造が，不可欠なものがある。

かじとり系統も制動系統と並んで重要保安部位であるため，標準車メーカーは改造をほとんど認めておらず，制動系統と同様に設計には万全を期す必要がある。

(1) 左ハンドル(一部の空港内作業車など)

右ハンドルから左ハンドルへの改造は，同一車種シリーズ内に輸出仕様の左ハンドル車がある時は，複雑な検討をせずとも部品を流用すればよい。

左ハンドル車がない場合には，多くの部品を新規に設計する必要があり，改造に要する時間も費用も要求を満たすことが困難となる。このような場合は，標準車メーカーに相談しながら検討したほうがよい。

(2) 左右両ハンドル(路面マーキング車)

左右両ハンドルは，路面にセンターラインなどを塗装する作業車に用いられることがある。

改造には2通りの方法がある。

① 輸出用につくられた左ハンドル車の部品を流用する。

② 産業車両(例えばフォークリフト)に用いられている全油圧式かじとり装置を追加装着する。

いずれにしても費用がかさむので，必要性を十分に検討したうえで，細部の検討に取りかかる。

112    第4章　改造自動車・設計の基礎とポイント

参考として，図4-19に全油圧式かじとり装置の例を示す。

なお，認可に際して，"両方のハンドルが同時に操作できてはならない"との条件が付くことがある。すなわち，左右いずれかのハンドルだけしか操作できなくするために，空いているハンドルをロックする。この改造は事前に地方運輸局などと相談しながら，検討を進めることが望ましい。

## 4.7　排気系

排気系の改造では，マフラー（消音器）や排気出口の移設と，排気後処理装置の追加が多い。

(1) 排気系改造設計の留意点

マフラー（消音器）自体を外してしまうような改造は論外として，排気系の改造設計においては，いわゆる車検対応マフラーなどの市販品を装着する場合も含めて，最低でも次の点に留意する必要がある。すなわち，

①排気系統の背圧上昇を抑える

　エンジンから排気管出口までの排気系の圧力（いわゆる背圧）が上昇す

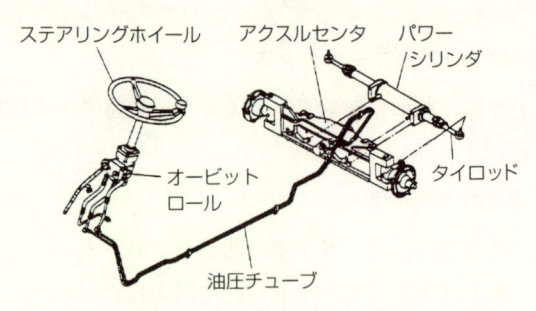

図4-19　全油圧式かじとり装置

（出典：種村茂ほか「フォークリフト」，『自動車技術』1998年6月号，社団法人自動車技術会）

ると，エンジンの出力が低下する。マフラーや排気管の取り回し（排気管をシャシーのどこを通すかを決めること）は，背圧を上昇させないように留意する。

参考として，背圧の上昇による出力低下例を図4-20に示す。

②排気管周りの熱害を防止する

熱害に関しては各種の対応が必要になるので，後述する。


(2) 排気熱害への対応(温めてはいけない部品への配慮)

排気熱害への対応は，温めてはいけない部品類を排気ガスの噴きかかりや排気管の輻射熱から守ることが目的となる。温めてはいけない部品類と温めた時の不都合は，以下のようになっている。

①タイヤ：ゴムが早期劣化する。

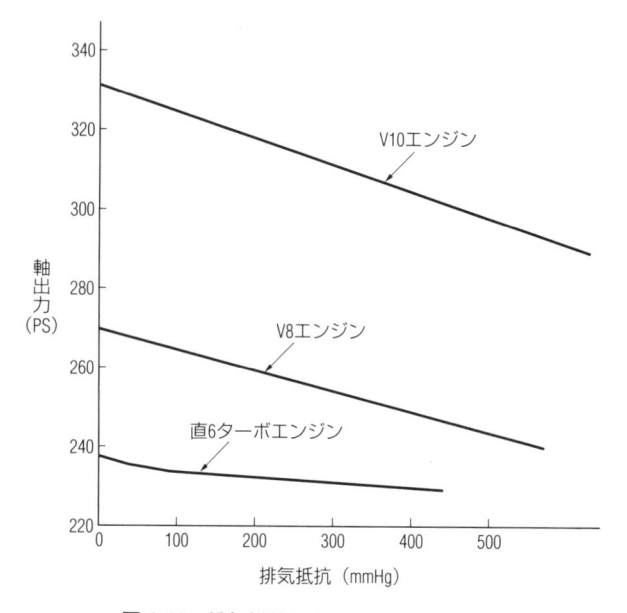

図4-20 排気抵抗増大による出力低下例

②バッテリー：電解液の蒸発が早まる。

③エアタンク：圧縮エアの気水分離性能（エア中の水分を凝縮する性能）が低下する。

④ブレーキ液タンク：ベーパーロックを引き起こす。

ブレーキ液の含水性能と沸点低下性能の関係は，前掲・図4-16に示した。

具体的な対策は，遮熱板の設置が圧倒的に多くなっている。遮熱板を設置しないで熱害の影響をなくすには，例えば通産省告示の防爆車規定では，排気管を他の部品から200mm以上離すように求めているが，この隙間を確保することは結構大変である。

なお，許容される温度上昇の一般的な目安は，気温と上昇温の合計で最高80〜90℃となっている。

(3) 枯れ草の火災対策

駐車中に車両の下の枯れ草が燃えることがある。場合によっては，遮熱板を装着する必要がある。

(4) 消焔装置（フレームアレスター）の取付け

消焔装置（フレームアレスター）は，火災予防を目的とする火の粉の発散防止装置で，排気管の後端近くに取り付ける。現在では消焔装置のない標準車でも，ほとんど，火の粉が飛び散ることはない。それでも，タンクローリー車や防爆車では，消焔装置を自主的に取り付けている。

消焔装置には，いくつかの種類がある。このうち，代表的な消焔装置を前掲・図3-10に示している。

(5) 排気温度低下装置の取付け

防爆車に関する通産省の告示では，排気ガス温度を80℃以下に保てる排

気ガス冷却装置の取付けが求められている。この要求を満たす排気ガス冷却装置としては，通称"水マフラー"がよく使われる。

水マフラーは使用時に，説明書に従って，適切に水を処理する必要がある。ディーゼルエンジンの場合には，軽油中の硫黄分が燃焼し，$SO_2$（二酸化硫黄）ができている。この $SO_2$ がさらに水マフラーのなかの水と反応し，硫酸水に変化していることがあるので，腐食に対する注意が欠かせない。

代表的な水マフラーを，前掲・図3-11に示している。

(6) 排気ガスの後処理装置の取付け

ディーゼル排気ガス中の粒子状物質除去用として，排気経路に再燃焼装置を取り付けるなど，各種の後処理装置が実用化されつつある。これらの装置の装着にあたって，温度の上昇が予想される場合は，排気熱害の予防のために遮熱板の設置を考慮する。

後処理装置の代表的な事例を図4-21に示す。

## 4.8 その他

いままでに触れなかった，その他の改造設計のポイントを述べる。

(1) シャシスプリングの強化
① 増しリーフ

増しリーフは，ばね定数を安価に増大させる手段として，改造に用いられる。具体的には，板ばねを1枚追加して，ばね構成を9mm×6枚から9mm×7枚のように変更することであり，通常は，全長板と呼ばれる一番長いばねを追加する。

増しリーフは，重ね板ばねの理論から考えるなら，構成ばね間の応力バランスが崩れるために，ばねにとっては必ずしもベストな改造とはいえな

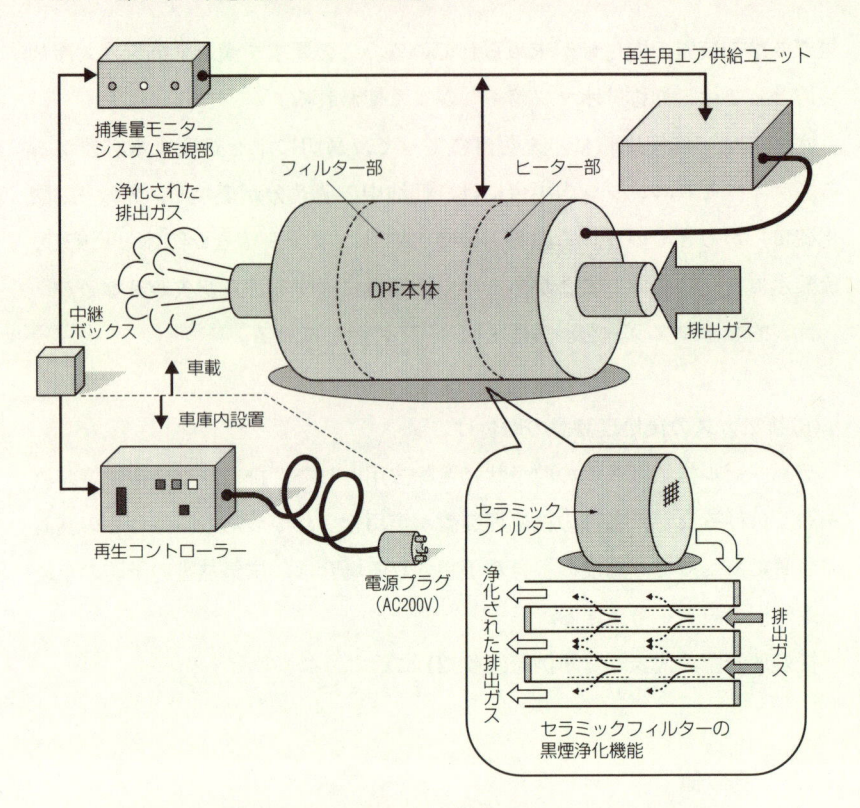

図4-21 排気ガスの後処理装置．DPF＝Diesel Particulate Filter．排ガス中の黒鉛などの微粒子をフィルターで除去する．フィルターにたまった微粒子は，電気ヒーターで加熱して，燃焼させて取り除く（これを「再生」と呼んでいる）

（商品名"モコビー"，株式会社コモテック）

いが，相応の費用対効果が認められ，今日でも広く採用される。

ただし，バン型車などの安定傾斜角度の増大策として行うと，増しリーフに伴って車高も高くなってしまい，逆効果になることもある。

増しリーフの具体例を図4-22に示す。

リーフ増し時のばね定数の計算式を以下に示す。例は同じ板厚のリーフを $m$ 枚増やす場合である。

$$K = K_0 \times \frac{n+m}{n} \quad (\text{kg/mm})$$

ただし，

$K$：改造後のばね定数（kg/mm）

$K_0$：改造前のばね定数（kg/mm）

$n$：改造前のばね枚数（例えば5枚構成の時は5とする）

$m$：増しリーフの枚数（例えば2枚増やす時は2とする）

②構成ばねの板厚増大

構成ばねの板厚増大によってばね定数を増大させる方法は，バン型車などにおいて，できるだけ高さを増大させずに車両の安定傾斜角度を大きくする手法として根強い要望がある。

この場合は，スプリングリーフの全体厚は変更せずに，リーフ1枚あた

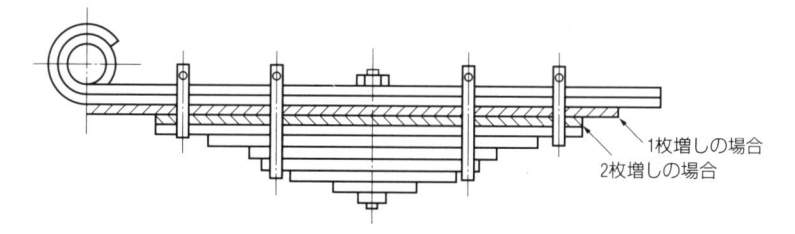

図4-22 増しリーフの例

りの厚さを増すことでばね定数を高めるもので，例えば8mm×6枚よりも12mm×4枚のほうがはるかに高いばね定数になる。

板厚増大時のばね定数の計算式を次ページに示す。

### (2) タイヤ負荷率

タイヤ負荷率は，改造自動車の重量を検討する際に，特に重要になってくる。

具体的には，日本タイヤ協会（JATMA）の規格に準拠して，100%以内の負荷率に抑えなければならない。

タイヤ負荷率の具体的な計算式と計算書の実例を，第6章・届出書欄に示している（159ページ）。

### (3) 防錆力強化

除雪車（塩化カルシウム系凍結防止剤を散布する）や活魚運搬車，汚泥吸引車などは，錆の大きな要因となる水や塩分にさらされている。これらの車は腐食が寿命を決定することがあるので，錆に対して十分な配慮が求められる。

① 一般的な腐食の場合

改造自動車で腐食を問題にする場合，材料は鉄系材料がほとんどだから，一般的な対策は，防錆塗料（例えば，ジンクリッチペイント）を塗布することである。防錆塗料は取扱いが比較的簡単で（通常の塗料とほぼ同じ），費用もそれほど高くなく，効果もある程度期待できるので，広く採用されている。

ただし，長く使用される車だと，塗料の寿命が問題になる。つまり，車の寿命がくる前に，塗料の寿命がくる場合には，塗り直す経費を考慮して，最初から別の方法（例えば，後で述べる通電型防食システム）を採用することもある。

構成ばねの板厚を増大させた時のばね定数

$$K = \frac{16 \cdot E \cdot b(n_1 \cdot t_1{}^3 + n_2 \cdot t_2{}^3 + \cdots + n_m \cdot t_m{}^3)}{k \cdot (1-\mu) \cdot (L-\varepsilon)^3} \quad \text{(kg/mm)}$$

ただし，

　　$K$：改造後のばね定数（kg/mm）

　　$E$：縦弾性係数　鋼の場合，21000 kg/mm²

　　$b$：ばね幅（mm）

　　$t_m$：リーフ（構成ばね）の板厚（mm）

　　$n_m$：板厚 $t_m$ のリーフの枚数

　　$\kappa$：形状係数

$$k = \frac{12}{2 + \dfrac{n'-1}{n}}$$

　　　　$n'$：全長板のリーフ枚数

　　　　$n$：総リーフ枚数

　　$\mu$：リーフの板間摩擦係数　なお，$\mu$ は次による

| $n$ | 8枚以下 | 9〜15枚 | 16〜20枚 |
|---|---|---|---|
| $\mu$ | 0.06 | 0.08 | 0.10 |

　　$L$：ばねのスパン（mm）

　　$\varepsilon$：Uボルトの有効締幅（mm）

また、密閉構造の内側などには防錆ワックスが注入される。防錆ワックスは扱い方が少し面倒であるが、ある程度の効果が期待できる。

② 異種金属間のガルバニック腐食の場合

異種の金属を接触させると、金属間に電位差が生じる。この時、電位が平衡状態に近づこうとして電子が移動し、片方の金属が腐食する。これをガルバニック腐食と呼んでいる。この原理を利用した代表的な防錆技術にトタンがある。トタンは、鉄の表面に亜鉛をメッキしたものであり、亜鉛が犠牲金属となり、鉄錆の進行を防止する。

ジンクリッチペイントも同じ原理に立っている。ただ、塗料によって電子の移動が抑制されて、どうしても効果が限られる。そこで、電子の移動をより積極的に行う（強制的に通電状態にする）防錆システムが考案され、製品が市販されている。

通電型防食システムの実例を図4-23に示す。

この装置は、塗料と比較すれば値段が高いが、確実な効果が長期間持続する。塗料を使うか、この装置を使うかは、再塗装に要する費用などを考えて、どちらかに決定すればよい。

③ まとめ

a） ジンクリッチペイントなどの塗装

使用方法は最も簡便。効果もほどほどである。

b） 防錆ワックスの注入

手間がかかるが、ある程度の効果が期待できる。

c） 通電型防食システムの採用

システムの値段は高いが、きちんと施工すれば確実な効果が期待できる。

(4) エンジンからの温水の取出し

基本的には、標準車用のヒーターとまったく同じ考え方に立っている。改

4.8 その他　121

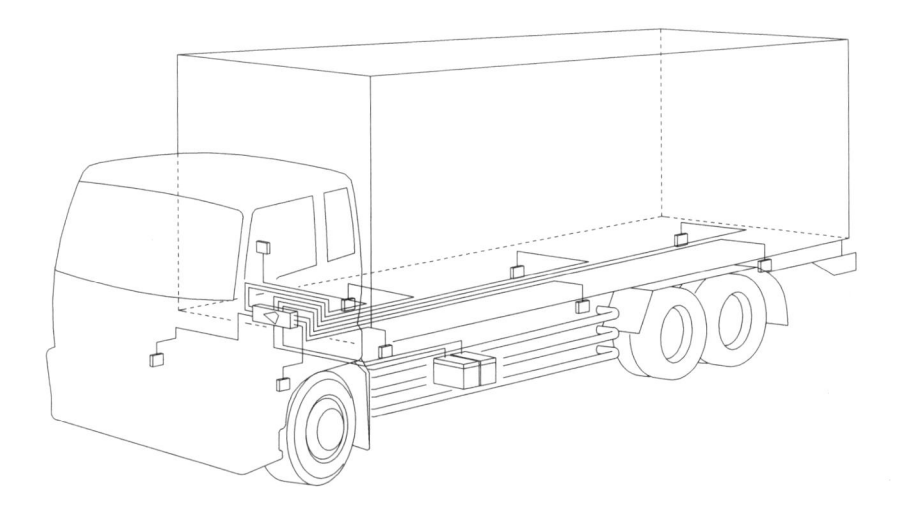

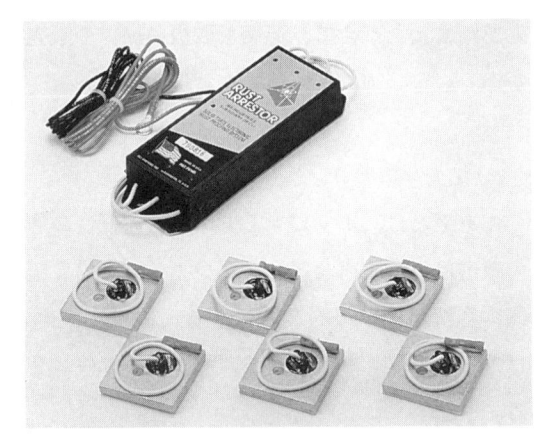

**図 4-23　通電型防錆システム**
（商品名 "ラストアレスター"，図版提供：日立造船富岡機械株式会社）

造には，次のような点に留意すべきである．

①他の部品類を温めるのに必要な熱量と，エンジンから発生する熱量のバランスをとることが難しい．

②エンジンをオーバークールした場合には（冷却しすぎた場合には），排気ガス濃度の増大や，不純物の堆積などの悪影響がある．

③温水の循環経路内に新たにポンプを設置する時は，ポンプの容量に注意する．つまり，取り出した温水の容量と，循環後に戻ってくる温水の容量のバランスが適切でない場合は，循環経路中に気泡などが発生し，時にはエンジン損傷などの重大な故障を招きやすい．

したがって，この改造は，標準車メーカーとよく相談したうえで実施することが望ましい．標準車メーカーの協力が得られない場合には，リスクの高さを踏まえたうえで，適切な取扱い操作や販売後の監視体制を徹底する必要がある．

(5) ツインエアコン

キャブとは，キャビンともいい，運転台の通称である．ツインエアコンへの改造は，消防車など，ダブルキャブ車で要望がある．ダブルキャブ車は室内の容積が標準の約2倍になるために，ツインエアコンが使われる．現在は，1コンプレッサー×2エバポレーター×2コンデンサー方式が主流である．

救急車によく見られるワンボックス型の車型では，ツインエアコンが標準状態で装着されるようになってきて，改造で対応するケースは減っている．

トラック系では，食品配送車など低温輸送車の冷却用に大容量クーラーが必要とされ，この要望を満たすため，最近は専用の純正キット部品が市販されるようになっている．

具体的な改造設計に際しては，次の事項を検討する必要がある．

① クールダウン能力

　冷房能力をどの程度にするか，必要性をよく見極める。

② コンプレッサーの選択

　多くの場合，同一車種で準備されている中から選ぶ。

③ コンデンサーの配置

　増設するコンデンサーをどこに配置するかで，放熱性能や日常点検性が決まってしまう。通常は，コンプレッサーから冷媒の配管があるので，エンジンの近くの車体側面に配置する。

④ 消費動力

　コンプレッサーを駆動するのに必要な動力は小さくない。大まかな目安としては，5〜10馬力となっている。

(6) 標準幅シングルキャブ車の4人仕様

　一般に塵芥車には，住宅地での機動性を確保するため，コンパクトであることが要求される。具体的には，キャブ幅は広幅車よりも標準幅車，キャブの長さはダブルキャブよりシングルキャブが好まれる。

　一方で，自治体などの一部では，塵芥車1台に4人の作業員を乗せており，標準幅シングルキャブ車で，4人が乗れなければならない。

　このような背景から生まれた標準幅シングルキャブ車の4人仕様は，通常，座席の後方にあるベッドスペース部分に1人分の乗車装置を設置する。

　なお，ここに着座する乗員は進行

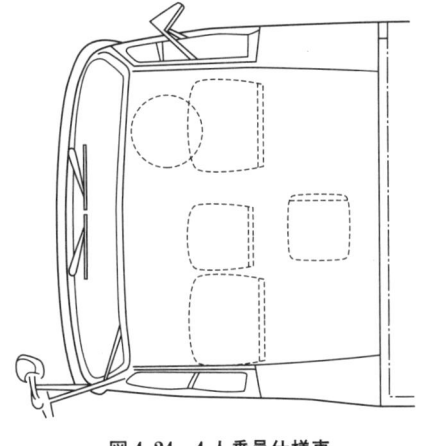

図4-24　4人乗員仕様車

方向に対し横向きに座るので，乗合バスと同様に座席ベルトは装着しない。
具体的な改造例を図4-24に示す。

(7) 福祉車両

福祉車両は，改造にあたって通常の改造自動車とは異なる部分が多いので，固有のポイントについて触れる。

①基本的な考え方

健常者は車に合わせていろいろな操作が可能であるが，障害者には難しい。したがって，福祉車両は，障害者一人ひとりの要求に改造内容を合わせることがなによりも重要になってくる。

また，操作を多少間違えたところで，これがただちに致命的な不都合を起こさぬように，頑健性（ロバスト性）を持たせることも大切である。

②リンク系統を設計するポイント

障害者用の改造自動車では，リンク系統が多用され，レバーを操作しても装置類が作動しない"空振り"と呼ばれるトラブルがつきものであり，注意する必要がある（第5章参照）。

対策としては，リンクやレバーの調整代を増やすことが大切である。

また，機能をあらかじめモジュール化した装置（例えば，手動操縦キット）も充実しつつあるので，これらを使用してもよいだろう。

③電子制御を採用する場合のポイント

電子制御装置の電磁波が心臓ペースメーカーなどに対してどのような影響を及ぼすか，現時点ではまだ明らかにはなっていない。

このため，当面は様子を見ながら電子制御装置の採用を，徐々に拡大していかざるを得なくなっている。

## 4.9 性能設計

ここでは，性能設計のポイントを簡単に述べていく。

### (1) 最大安定傾斜角の設計値

保安基準は改造後の最大安定傾斜角の規定値を，35度以上と定めている。これに対して，計算上で2度以上の余裕がない場合（つまり37度以上でない場合），現車確認時に現車を実測することになっている。

したがって，最大安定傾斜角が37度以上でない時は，計算をできるかぎり精度よく行って，実測に備えることが大切である。なお，公的機関の「最大安定傾斜角実測証明書」があれば，実測は免除されている。

最大安定傾斜角の計算例は，第6章・届出書に示している（161ページ）。

### (2) 最小回転半径の設計値

保安基準は改造後の最小回転半径の規定値を，12m以下と定めている。これに対して，計算上で1m以上の余裕がない場合（つまり11m以下でない場合），現車確認時に現車を実測することになっている。

したがって，最小回転半径が11m以下でない時は，計算をできるかぎり精度よく行って，実測に備えることが大切である。

最小回転半径の計算例は，第6章・届出書に示している（164ページ）。

最小回転半径が保安基準の規定値を外れる場合（つまり12m以上の場合）は，理論上は緩和申請が可能である。だが，最小回転半径の緩和は大臣決済が必要であり，現実には緩和申請を行わず，設計を変更することになる。

# 第5章　改造後のトラブル対策

　改造自動車は，消防車や除雪車の例を見るまでもなく，社会に必要であるから製作されるケースがほとんどである。したがって，問題が発生した場合には，素早く，現実的な解決策を探ることが特に重要になってくる。
　以下，本章では改造自動車に発生しやすい問題と，対策のポイントを取り上げる。

## 5.1　トラブルに対する考え方

　前にも触れたが，改造自動車は設計段階において事前の計算シミュレーションを行わず，場合によっては設計計算すら省略することがある。また，一通り出来上がった車両に対して確認試験を十分に行えないこともある。
　そのため，標準車に比べればどうしても，問題が起きやすくなってくる。そのため，ある程度の問題は発生するものと心得て，問題に素早く対応するための"仕組み"づくりが極めて重要になってくる。
　ところで，実際に見聞きしたトラブルの上位三つは以下である。
　①電気系統のトラブル
　②ボルトの緩み
　③溶接部の亀裂
　これらへの対策の基本的なプロセスは共通であり，いずれも，見つめる，見つける，見通すの三つのステップを踏んでいく。自分が設計したものか，そうでないかにかかわらず，製品のトラブルの観察は総合的な技術力を必要

とするので，設計者にとっては貴重な勉強の機会になっている。

とはいえ，トラブル対策においては，絶対に守らなければならない鉄則がある。それは，自分ではなく他人が設計した製品である場合，他人の設計に対して単なる批判や揚げ足取りを行ってはならないということである。いままで多くのトラブルを見てきたが，トラブルの対策はどうしても，被告人然とした設計当事者と，正義漢ぶったそのほかの者とに二極分化してしまう。このため，真の原因究明を妨げるだけでなく，はなはだしい場合には，おかしな究明結果を導いて，それで終わってしまうこともある。これは個人の問題でなく，我が国の技術者全体に共通する欠陥かもしれない。一刻も早くこの種の弊害を打破して，失敗の教訓を皆で共有できるよう，改革していく必要がある。

なお，トラブルの原因究明に際しては，可能なかぎり現物を，できるだけ現場でよく見ることである。例えば，亀裂の起点はどこか，亀裂はどちらに走っているかなどをよく観察し，続いて，自分なりの対策を仮説として立てることが重要である。勘とセンスが大切といわれるのはまさにこの部分であり，これが適確か否かが，医者にたとえれば名医かヤブ医者かの岐路となる。

トラブルは，多くの要因が絡み合って起こる。複雑に絡み合った要因を解きほぐしていく過程には，探偵の推理のような雰囲気がある。技術者にとって非常にやりがいのある仕事だが，難しさも併せ持つ。

前にも述べたが，CADなどの普及に伴い，画面上では簡単に設計図が描けるようになっている。図面は描けるが，図面の意味がわかっていない若手技術者が著しく増えている。こうした現状を省みる時，トラブルを解決することは，若手技術者育成の最も有効な手段となっている。

もちろん，この種の仕事は，経験や実力がものをいう世界である。したがって，どこの企業も優秀な技術者を当てている。また，将来の幹部育成のため，あえて有能な若手を起用することもある。各社とも人選にはそれなりの

工夫をこらしている。

## 5.2 構造体の亀裂，破断，変形

構造体（部材）の亀裂，破断，変形は，多くの要因が絡み合い，原因を一つに特定できないことも多い。ここでは，代表的なケースを取り上げる。

(1) 部材のボルト穴からの亀裂

部材のボルト穴からの亀裂の例は，前掲・図4-12に示した。

亀裂が発生する原因は，穴に対して応力が集中している場合がほとんどである。対策は，改造自動車は一般に製造台数が少なく確認試験が困難なことを考慮して，以下のような手段のなかから，過剰なきらいがないでもないが，①もしくは④が多く採用されている。

①穴を埋める。
②穴の周りに補強パッチを貼る。
③穴に捨リベットを打つ。
④部材の板厚を増大させる。

(2) 部材の溶接部からの亀裂

部材の溶接部からの亀裂の例は，前掲・図4-12に示した。

亀裂が発生する原因は，溶接不良か，溶接部への応力集中がほとんどである。

溶接不良の場合は，不良が発生した原因を確認し，あらためて正規の溶接を行えばよい。応力集中の場合には，溶接部の亀裂か母材側の亀裂かによって，対策が異なる。

①溶接部の亀裂の場合

　溶接部そのものが弱いために亀裂が生じたわけだから，対策は，溶接部

そのものを強化する。

具体的には，溶接部の"のど厚"を増大させるか，溶接の溶け込み深さを増すために，溶接部に開先加工を施す。前掲・図4-7参照。

なお，応力集中を避けるためには，溶接ビードの端部に溶接逃げをつくることが効果的な方法である。

②母材側の亀裂の場合

この場合は，溶接部そのものの強度より母材側の強度が弱いがために亀裂が生じたわけだから，対策は，母材そのものを強化する。

具体的には，次に述べる部材（構造体）そのものの亀裂対策を行う。

(3) 部材(構造体)そのものの亀裂

部材（構造体）そのものに亀裂が発生した場合，まず亀裂の進展方向を見て，主応力方向を推定する必要がある。主応力方向がわかれば，主応力方向に対して抵抗力が増大するよう，対策を講じることになる。

具体的な対策は，主として，母材の板厚を増大するか，断面形状を大型化する。

(4) ボルトの破断

ボルトの破断に対しては，まず，破断位置を確認することが重要である。破断位置が首下部か，ねじの切り上がり部かによって，対策が異なる。

①ボルトの首下部が破断している場合

ボルトによって締め付けられる部材の平行度が不足しているケースが多いので，対策は，ボルト取付け穴廻りをチェックし，必要な修正を行うことになる。

②ボルトのねじの切り上がり部が破断している場合

ボルトねじ部の強度が不足しているケースが多いので，対策は，ボルトサイズを大型化することになる。また，破断面の観察により強制破断か疲

労破断かがわかれば，より一層確実な対策が行える。

なお，ここではわかりやすくなるように，あえて簡略化して書いている。現実には，前述の二つの要因が複合していることもある。

(5) ねじ（ボルト）の緩み

ねじ（ボルト）の緩みの防止策は，ダブルナットやワイヤ通しがよく使われる。これらは手間がかかって量産向きではないうえに，単独では費用が高くつく。だが，非量産型の改造自動車の場合には，確実な防止効果があるために，結果的に安くなる。

(6) 配管の亀裂

配管の亀裂は，疲労破壊が圧倒的に多い。取付け時から初期応力が与えられている配管に，ポンプなどの振動が伝わるか，配管自身の共振により，亀裂を生じることが多い。

具体的な対策は，配管の形状を変えて，ポンプなどの振動を遮断するか，配管の共振を防ぐことになる。

(7) 排気管の亀裂

排気管の亀裂はほとんどが，振動と熱による疲労破壊が一緒になって起こっている。このため，単純に材料の厚さを増しても効き目がない。効果的な方法を確立しがたいのが現状である。

したがって，改造自動車の場合は，対策に要する時間と費用を勘案し，排気管を消耗品と考えて，不具合が発生するたびに，排気管自体を取り換えることもよく行われる。

図5-1参照。

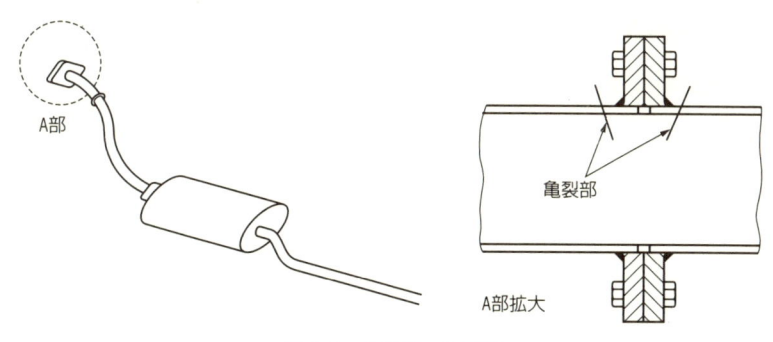

図5-1　排気管の亀裂例

(8) フレームの変形
① 上下方向の変形

　フレームは剛体ではないから，全長の長いフレームは必ず変形を起こしている。なかには放っておいても問題がないものもあり，変形を論ずる場合には，変形による悪影響の有無が重要な着眼点になってくる。

　悪影響の代表例は，ウィングボディ車や車両運搬車の後端部に発生する"尻だれ"である。これらの車両は，リヤオーバーハング（後車軸中心から車両後端までの距離）は軸距の3分の2まで認められるが，フレーム後端部の剛性が不足していると，この"尻だれ"が起こってくる。

　対策は，補強を施すことに尽きる。だが，車両の総重量が規制されているので，補強に伴う重量の増加をどこかで吸収しなければ積載重量が減ってしまう。つまり，補強による強度増大と積載重量減少というトレードオフの関係を両立させる必要がある。

　図5-2参照。

② 左右方向の変形

　ロングホイールベース車をショートホイールベース車に改造する場合（特にトラクター車に改造する場合）には，フレームの変形に対して十分な配慮が必要である。

　トラクター車には，トレーラー側（被牽引車）から前後・左右方向へ突

き上げ荷重が作用する。この時，トラクター車のフレームには左右への曲げ荷重が働いており（図5-3），この曲げ荷重に対して十分な強度を持たせるために，フレームの内側か外側のいずれか改造しやすい側に，補強板を取り付ける。

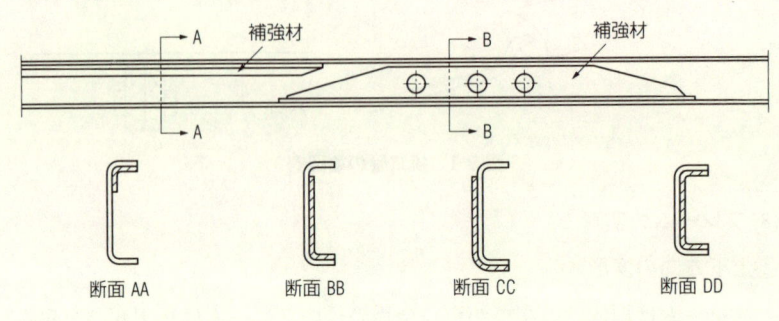

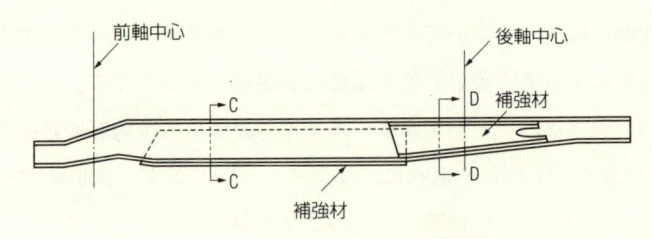

図5-2 フレームの補強例

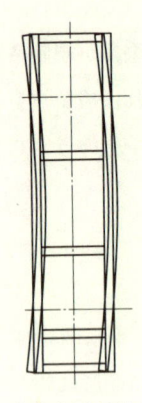

図5-3 左右曲げ変形の概念図

## 5.3 振動,異音

振動,異音は,多くの要因が絡み合い,複合して発生することが少なくない。ここでは,発生件数の多い代表例を取り上げる。

(1) 推進軸の振動,異音

推進軸の振動,異音は,ホイールベースの延長もしくは短縮改造によって発生しやすい最も一般的な振動であり,異音である。

推進軸の振動は,曲げ振動とねじり振動に分けて考えることが普通だが,現実には複合していて分けられないことが多い。

① 曲げ振動

曲げ振動への対策は以下がある。

a) 最も手っ取り早い対策は,推進軸の交角を変えてみることである。これにより,振動が収まることがある。交角を変えるための具体的な手法としては以下がある。

ⅰ) センターベアリング部にスペーサーを追加する。または,別のものと取り換える。

ⅱ) アクスルの角度調整シムを追加する。または,別のものと取り換える。

ⅲ) エンジンマウント角度調整シムを追加する。または,別のものと取り換える。

b) 次いで,推進軸の組み合わせ長さを変えてみる。これも推進軸の交角が変わるので,振動が収まることがある。

c) 推進軸のバランスをチェックする。これは通常,バランシングマシンを持っている外部の業者に委託する。

② ねじり振動

ねじり振動は一般に,曲げ振動よりも対策が難しい。推進軸の太さは駆

動系の強度上の理由から勝手な変更が許されない。そこで，対策としてダンパーを組み込むが，ねじり振動は，アクスルシャフトなど他の駆動系部品とも関係しており，ダンパーの装着だけでは対策にならないことがあり，そのうえ，重量の増加が大きいというマイナス面も持っている。

振動の原因となる要素は多い。原因が多いということは，対策も多いということである。よって，各部を順番にチェックして，原因を一つずつ潰していく方法がとられる。

(2) フレーム振動

フレーム振動には，曲げ振動と捩れ振動がある。改造自動車では，この振動が問題になることは多くないので，詳細は省略する。だが，一度，発生してしまったら，全体のバランスを見ながらフレームに補強を行うことが主要な対策となるので，大掛かりにならざるを得なくなる。

(3) ステアリング振動

ステアリング振動は，路面からの入力やタイヤのアンバランスなどが原因で，ステアリング系統が共振する現象として感知されることが普通であり，"シミー現象"と呼ぶこともある。

ステアリング振動が改造自動車で起こった場合は，もともと標準車自体がシミー現象を起こしやすい条件を備えていたのか，ステアリング系統の改造により起こったのか，見分けることが難しい。

対策は，タイヤやブレーキドラムなどの回転体のバランスを修正することが普通である。ステアリングダンパーを追加装着するほどの大掛かりな変更は，費用がかかりすぎることもあり，実例は少ない。

(4) ペダル振動

ペダル振動のトラブルで代表的な不具合は，走行中にアクセルペダルが振

動し，足の裏がかゆくなるようなことである。原因は，改造によってペダル系がエンジンの振動と共振するか，キャブ（運転台）の振動と関係していることもある。

対策は，簡単なものとしては，ペダル系のリターンスプリングの交換があり，これで解決することもある。このほか，ペダル系のリンクか，ケーブルの途中に摩擦要素を装着し，フリクションダンパーとして機能させる方法もある。これらの対策を施すと，ペダル踏力が重くなりやすいので，操作性の悪化に注意する。

(5) バッテリー，エアタンクなどの補機振動

補機振動は，改造自動車では発生しやすいトラブルである。原因は，改造によって部品の形状を変えたため固有振動数が変化したことである。これにより共振現象が発生し，補機が振動を起こすようになる。

補機振動は，対策が比較的簡単なため，軽視されがちなトラブルである。だが，重要保安部位の場合には，特に注意が必要である。なぜなら，例えば，ブレーキ用エアタンクの振動によりタンクに接続されている配管系統に亀裂が入ると，エア漏れが発生し，状況次第で重大事故につながってくるからである。

亀裂部位を計算解析すると，簡単な計算でも，共振などの理論と一致することが多い。ところが，計算解析を行うよりも，物をつくって対策するほうが簡単なため，物中心の対策となり，解析技術が磨かれないままになっている。これらは技術力を向上させる絶好の機会であり，積極的に活用したほうがよい。

以下，バッテリーの振動解析事例を示す（136ページ）。

図に示したバッテリーの場合を計算すると，$f=60$（Hz）となる。

補機振動の結果として発生する配管系統の亀裂対策に際しては，観察が非常に重要である。なぜなら，観察により，主たる振動方向が推定できるから

## 補機（バッテリー）の固有振動数計算

**アームのたわみ**

$$\delta = \frac{W \cdot l^3}{3 \cdot E \cdot I_G} \quad (\text{mm})$$

**アームのばね定数**

$$K = \frac{W}{\delta} = \frac{3 \cdot E \cdot I_G}{l^3} \quad (\text{kg/mm})$$

**アームの固有振動数**

$$f = \frac{1}{2\pi}\sqrt{\frac{K}{m}} \quad (\text{Hz})$$

ただし，$m = \dfrac{W}{g}$

$g = 9800 \, \text{mm/s}^2$

$E = 2100 \quad$ 縦弾性係数

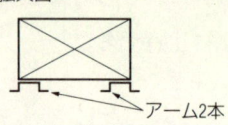

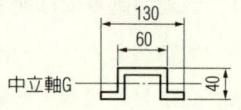

アームの断面2次モーメント　$I_G = 1.67 \times 10^5$ (mm$^4$)
このアーム2本でバッテリーを支える

したがって，

$$K = \frac{3 \cdot E \cdot I_G}{l^3} = \frac{3 \times 21000 \times 1.67 \times 10^5 \times 2}{350^3} \fallingdotseq 491 \quad (\text{kg/mm})$$

よって，

$$f = \frac{1}{2\pi}\sqrt{\frac{K}{m}} = \frac{1}{2\pi}\sqrt{\frac{Kg}{W}} = \frac{1}{2\pi}\sqrt{\frac{491 \times 9800}{34}} \fallingdotseq 60 \quad (\text{Hz})$$

である。

なお，配管だけでなくブラケットにも亀裂がある場合には，ブラケットも補強する必要がある。

### (6) キャブ内部の空気振動

キャブ内部の空気振動は，車両運搬車やクレーン車などで，キャブのルーフ高を抑制するため，ルーフを切り詰めた時に起こりやすい。キャブの容積の変化に伴い，室内空間が持つ固有振動数が変化して，共振現象が発生し，結果として，共鳴音やこもり音，圧迫音などとなって現れる。

対策は，容積を変えればよいのだが，現実には簡単には変えられない。そこで，共鳴音に対しては，パネルに裏リブを装着し，剛性を増大させる方法が採られる。こもり音や圧迫音に対しても，同様の対策をまず行う。

### (7) バックミラーの振動

ミラー振動は，しばしば発生する問題である。原因は，ミラーステイの強度（剛性）不足がほとんどである。対策は，ミラーステイに補強用のサブステイを追加することになる。

ただし，サブステイの追加によってミラーの視野が犠牲にならないように注意する。

### (8) 減速機（デフ）の異音

減速機（デフ）の異音は，一般的には加速時よりも，惰行（コースティング）時に発生することが多い。改造前の標準車の状態でもともと発生しやすかった異音が，改造によって顕在化してくるケースもあって，対策が困難になっている。デフの歯当たり不良，あるいは推進軸振動と関係していることも多く，原因のおおもとに遡って対策する必要があるのだが，一般には難しい。

過去の対策には，以下がある。
①デフオイルに二硫化モリブデンを注入し，異音の原因になっているエネルギーを減少させる。
②推進軸のアンバランス量を減少させる。

## 5.4 熱

熱くなって困る場合と，冷えて困る場合に分けられる。以下，それぞれについて対策を述べる。

(I) 熱くなって困る場合
①エンジンルームに熱気がこもる

改造により，熱気がエンジンルームから排出されにくくなると，温風巻き込み現象によりラジエーターの放熱量が減少し，オーバーヒートを招く。

対策は，熱気の排出用通路を確保するか，ラジエーター部に温風巻き込み防止のカバーを取り付ける。
②ラジエーターの冷却容量が不足する

改造により車両の重量が大幅に増えたか，改造によって取り付けた架装物を駆動するためのパワーが増大し，エンジンの負荷が大きくなると，ラジエーターの冷却容量が不足する場合がある（もともとラジエーターの冷却容量に余裕がないことが第一原因）。

対策は，負荷を減らせれば簡単である。だが，現実には負荷を減らせないので，次の手段を使用する。

　a）増速ファンの採用。ただし，損失馬力も増大する点に注意する。
　b）輸出用高放熱型ラジエーターの採用。ただし，装着スペースが問題になる。

③排気系の周辺が熱くなる

　改造により排気系部品の位置を変えたため，エキゾーストマニホールドや触媒マフラーなど排気系部品が過熱して，周辺の部品に悪影響を及ぼすものである。実際の不具合としては，バッテリー液の早期減少，ゴム部品の寿命の低下などがある。

　対策は，ヒートインシュレーター（遮熱板）を装着する。

(2) 冷えて困る場合
①エンジンから温水を取り出す場合

　印刷インキや特殊溶剤などの液体を輸送するケミカルローリーで問題になることがある。実際の不具合としては，液体の温度低下によって粘度が上がり，排出が困難になってしまう。

　この対策は，熱の需要と供給のバランスをとることであるが，実際問題としては難しい。

　なお，ローリー型車は積載物が決まっているうえ，走行路も良路が多いので，燃費効率のよいエンジンを搭載した車両が使われる。燃費効率のよいエンジンは，余分な熱の発生も少なく，温度低下に対してはどうしても不利になりやすい。エンジンから温水を取り出して利用する場合には，改造の基本となる標準車の選定段階から，熱に関するバランスを考慮する必要がある。

②荷台の内部が結露する

　段ボールなどを輸送する車両で問題になることがある。実際の不具合は，温かいうちに積み込んだ段ボールから蒸発した水分が，温度の低下によって結露を起こし，壁面から滴り落ちた水滴が段ボールなどの品質を損ねてしまうものである。

　対策は，車両の排気ガスを吹き込んで，温度の低下を防ぐ方法が簡単である。しかし，この方法は，車両火災の懸念があり，積荷が汚れる心配も

ある。そこで，実際には段ボールなどの積載物をある程度冷やしてから積み込んだり，荷台に通風孔をあけるなど，温度と湿度のバランスをとる工夫が行われている。

③空気系配管の内部が凍結する

　ブレーキ系のエアタンク類を移設した時，問題になることがある。実際の不具合としては，エアタンクにエアが充填されなくなってしまう。

　大型車のブレーキシステムは，エンジンによって駆動するエアコンプレッサで圧縮空気をつくりだし，これをエアタンクに蓄えておき，必要に応じて使用する。

　この場合，エアコンプレッサから吐出される空気は，圧縮されるため高温になるが，エアタンクにつながっている途中の鋼製配管で冷やされる。鋼製配管の長さが長く，圧縮空気が0℃以下に下がる個所ができると，圧縮空気に含まれる水分が凍結することがある（図5-4-a）。

　対策は，配管を極端に冷やさない。または，図5-4-bに示すように，配管の途中にエアドライヤーを設置して，水分を除去することである。

## 5.5　操作系

　レバーを操作しても装置類が作動しないトラブルが起こることがあり，これを"空振り"とも呼んでいる。このトラブルは，障害者用の改造自動車などリンク系統を多用する車両で特に発生しやすくなっており，注意が必要である。

（1）操作ストロークが不足する

　"空振り"の主原因は，レバーなどの操作量（ストローク）を装置類に伝達するケーブルが，途中でたわんで操作量を吸収してしまい，装置類には伝達されないことである。

## 5.5 操作系

"空振り"は標準車系においても，開発段階では散見されるトラブルである。ただ，開発玉成段階でなんらかの対策が施される。

ところが，改造自動車の場合は，確認試験が必ずしも充実していないので，最低でも作動確認と機能確認を行って，一定の安全代（余裕マージン）が確保されていることを確かめなければならない。

"空振り"の対策は，伝達ロスを少なくすることであり，ケーブルの配索の変更だけで問題が解消した例もある。

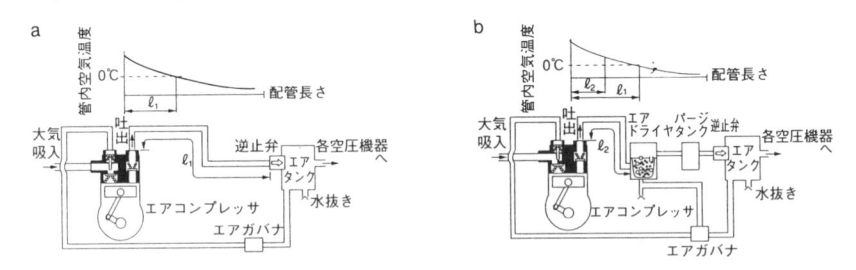

図5-4 エア配管内部の水分凍結
a：不具合発生例，b：凍結に対する防止策
（出典：『機械設計』vol. 43 no. 13，日刊工業新聞社，1999年）

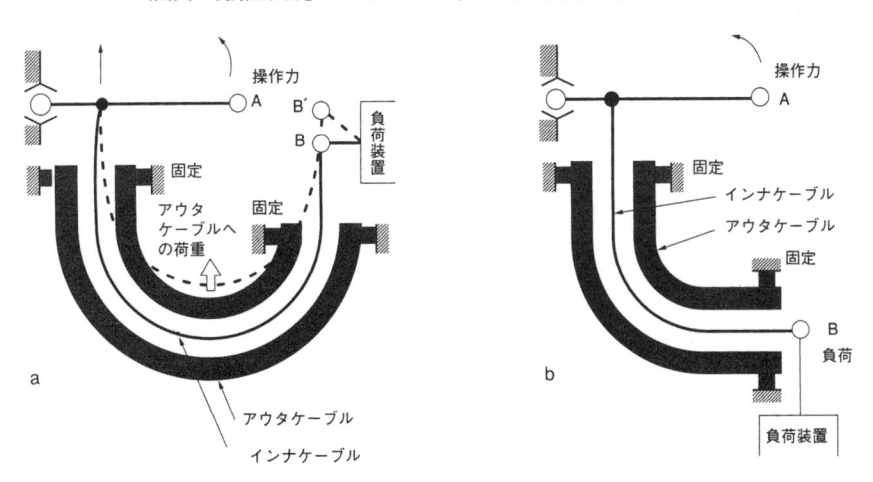

図5-5 操作力伝達ケーブルのアウターケーブル縮み例
a：不具合発生例，b：縮みに対する防止策
（出典：『機械設計』vol. 43 no. 13，日刊工業新聞社，1999年）

具体例を,図 5-5-a・b に示す。

(2) 操作力が不足する

装置類の作動を切り替えるためにモーターなどの動力源を使用する場合,動力源の出力は要求値を満たしているにもかかわらず,切り替えがうまくできないことがある。

原因は,モーターから装置類に至る伝達系統の効率が低下しすぎ,結果的に操作力が不足するためである。

対策は,ケーブルの場合は,ケーブルの配索の変更であり,ロッドの場合は,ロッドとロッドの接続部分に軸受けを組み込んで,摩擦ロスを減少させる。場合によっては,モーターを高出力型に変更する。

## 5.6 電 気

改造自動車における電気に関する問題は,改造前から存在する問題と,改造した部分に発生する問題とに分かれているが,時には双方が関係しながら問題を引き起こすこともあり,注意が必要である。

(1) 作動不良

作動不良に対するトラブルシューティングは,個々の回路ごとに確認することが原則である。回路を一つひとつ追いかけるところから始まるために,時間がかかることもしばしばである。

電流の回り込み現象による作動不良が,経験上,最も多いように思われる。

① 回り込み現象

回り込み現象への対策は,回路をしっかり設計することに尽きる。原因の究明が困難な場合は,改造で増やした回路を標準車の回路と完全に分離

してしまう。

②ノイズ拾い現象

　ノイズ拾い現象は，電子機器の場合に最も注意する必要がある。

　対策は，電磁シールドを完全に行い，信頼性の高い機器類を使用する。

③電子機器の不定愁訴

　電子回路のどこかが一時的にアースしたり，接触不良を起こしたりする。再現性のない（同じトラブルが繰り返されない）ことが特徴で，これが，対策を考えるうえで最大のネックになっている。

　現状では，決定的な対策はない。ただ，標準車の電子回路は，"ダイアグノーシス（故障診断）機能"を設ける例が増えてきた。これは，再現性のないトラブルも回路に記憶しておいて，原因の究明を可能にするものである。改造自動車も，これを参考にする必要がある。


(2) 電気系のメンテナンス

　最近の車両は，燃費，排出ガス浄化，動力性能，安全性，快適性などを同時に追求する必要があり，そのために数多くのコンピュータが載っている。これらのコンピュータは，互いに LAN で結ばれており，車のなかもオフィスと同じようにコンピュータネットワークが張りめぐらされ，著しく複雑化してきている。

　今後は，車両のメンテナンスの方法も，電気系を念頭に入れながら対応していく必要がある。


(3) 電気による車両火災

　消防庁の統計によれば，車両の構造に起因する火災のうち約 40% は電気系が原因とされており，原因別で第 1 位を占めている。また，電気系が原因の火災のうち，70% 以上が，配線が短絡（ショート）して出火したこともわかっている。

第5章　改造後のトラブル対策

　電気に起因する車両火災の防止策は，設計上は前にも述べた回路のつくりこみであり，施工面では，次の2点が重要である。
　①ヒューズは適切な容量を選択し，きちんと組み込む。
　②配線を確実に固定する。
　車両火災は，電気系だけでなく，時にはほかのいくつかの悪条件が重なり合って起こっている。以下，実例を挙げておく。

[事例1] ステーションワゴン車の発火 (96年5月。「日経メカニカル」1998年12月号)
○状　況　運転席用シートヒーターのスイッチを入れて，約5分間暖機運転してから発進させた。シートヒーターのスイッチは，運転席と助手席の間に設けられた樹脂製コンソールボックスの上面・中央に位置する。
　約500m走ったころ，コンソールボックスの内側からパチパチという電線がショートするような音が聞こえ，すえたような匂いとともに白煙が漏れ出してきた。
　すぐに停車して脱出し，消火を試みたがうまくいかず，車両火災にまで至った。
○原　因　シートヒーターのスイッチ付近の配線に以前から漏電個所があり，スイッチがONの状態の時のみ漏電が起こっていた。そのために，電弧火花が発生し，電線の被覆が溶融したか局部的な燃焼が生じた。
　本格的な漏電が発生した段階で，回路に大電流が流れてヒューズ (20A) が溶断したが，すでに炎は独自に燃え上がっており，火災にまで進んだ。
○教　訓　漏電が発火原因になったこと，漏電の原因は配線の固定が不適切であったこと，さらに，本例のように漏電が徐々に起こっていると，ヒューズだけでは必ずしも火災の発生を防ぎきれないということを認識する必要がある。

［事例２］4tトラックの発火（筆者の経験）

○状　況　荷物を積んで，静岡から東京に向けて東名高速道路を走行していた。横浜付近を走行中に煙が出てきたので停車・脱出したが，消火する間もなく火災に至った。

○原　因　運転席の下にあるエンジンルームの側面が最も焼損している。自動車無線用の配線が，バッテリーからヒューズを介さずダイレクトにフレームの上面を這っており，さらに配線の固定が不十分で，フレームと擦れ合っていた。

　エンジンルーム側面の騒音防止カバーの吸音材が，オイルが染み込んでいたために燃焼しやすくなっていた。自動車無線用の配線とフレームの間で漏電が続いた結果，電弧火花が発生し，火花が吸音材を発火させ，これが拡大して車両火災にまで至った。

○教　訓　漏電が発火の原因になったこと，漏電の原因は電気配線の固定が不適切であったこと，さらに，難燃性の吸音材もオイルが染み込めば燃えやすくなり，これらが複合して火災に至ったことを認識する必要がある。

# 第6章　改造届出書の作成と認可の取得

　改造届出書は，改造内容を陸運支局などに申請し，認可（審査結果通知書）を取得するために必要な書面である。
　改造内容の書面化（改造届出書の作成）は，一般に難しいと思われている。だが，規定を理解していれば，それほど難しいものではない。
　本章では，改造届出書を作成する場合のポイントについて述べる。

## 6.1　改造届出書に関する規定

　改造届出書の作成要領に関しては，具体的な内容も含めて通達によって規定されている（第1章・改造届出を参照）。ここでは，通達などではわかりにくいが実際に対応が必要になるいくつかのポイントについて取り上げる。

(1) 車台番号限定
① 車台番号の限定とは
　これは，同じ改造自動車を安易に増やしたくない時に，審査結果通知書に陸運支局の判断で「本改造は車台番号：XY 98 Z―99345　一台のみとする」と記入して，複数の車両の改造を制限するものである。
② 車台番号限定への対応
　改造が複雑で高度な場合や，不許可にする理由がないので認可せざるを得ないのだが台数を抑制したい時などに，限定が行われているようである。通常は，重改造の場合に限定されると考えてよい。

メーカーの立場で考えるなら，限定されると複数の改造が禁じられてしまうので，いうまでもなく限定されないほうが好ましい。なんらかの事情がある時は，陸運支局に相談してみるとよい。

**(2) 条件付認可**
①条件付認可とは

基本となる保安基準の規定値に対して余裕が少ない改造届出が対象となる。例えば，重心高が高く計算上の転倒角が36度の冷凍バン型車に対しては，審査結果通知書に「転倒角を実測確認すること」と条件が付く。

②条件付認可への対応

条件付認可の場合，車検場で実車を確認する際に，転倒角を実際に測定するか，公的機関が発行した実測証明書を提出させて，確認する措置が取られる。

だが，メーカーも本音では，車検場で車両を実測することは手間がかかって効率が悪いなどの理由から，条件付認可を歓迎しない。しかし，すでに述べたが，製造物責任法（PL法）の施行など，改造自動車をめぐる環境も変化した。誠意をもって対応すべきであることは当然である。

**(3) 審査結果通知書（第2号様式）の有効範囲**

審査結果通知書（第2号様式）は，発行した陸運支局だけでなく，全国の陸運支局に対して有効である。したがって，例えば，A陸運支局で改造申請を行い，審査結果通知書を受領して，改造自動車を1台登録（ナンバーを取得）した後，同一仕様の別の車をB陸運支局でも登録できる。その場合は，A陸運支局発行の審査結果通知書の写しを添えて，B陸運支局で車検を受ける。

## 6.2 改造届出書の作成方法

改造届出書の作成方法については，章末に届出書を例示する（155-166 ページ）。

改造届出書は様式がすべて定まっているとはかぎらない。なかには，陸運支局などと相談しながら作成しなければならない書面もある。

このような時は，改造自動車にかかわる業界団体が作成した次の参考書が便利である。改造自動車取扱い検討委員会編『改造自動車等取扱いの解説』(交文社，1996 年)。

また，改造届出書の作成を支援するソフトウェアが市販されているので，これを利用するのも一つの方法といえるだろう。例えば，「自動車改造管理システム」(三協冷機有限会社) は多くの実績を持っている。

例示した届出書は，上記のソフトウェアで作成したものもある。いずれも実際に使用したものだから，必要に応じて活用されたい。ただし，固有の名称や数字はダミーである。

## 6.3 よく使われる証明書

通達には規定がないが，審査に際して提出を求められる書類がある。ここではそれらのなかから，求められる頻度が高い書類の作成法を取り上げる。

(1) メーカー証明書

陸運支局の一部は，審査に際して「メーカー証明書」の提出を求めてくることがあり，経験的には関西地区の陸運支局に多いように思われる。この書類は，作成した経験がないと戸惑うことが多いようで，作成法に関する問い合わせが多く寄せられてくる。

「メーカー証明書」とは簡単に説明するならば，改造自動車の製作者（改

メーカー証明書の見本

平成○年○月○日

○○地方運輸局○○陸運支局長
　　　　　○○○○殿

○○改造工業株式会社
代表取締役　○○○○　印
電話　○○-○○○-○○○○

メーカー証明書兼改造自動車の審査承認願い

　このたび改造自動車として申請致します下記車両につきましては，車両の機能，性能及び強度いずれの面からも問題がなく，道路運送車両の保安基準に適合していると認められますので，御承認頂けますよう御願い致します。

記

1．車名・型式　　ヤマト　E-XY 98 Z（改）
2．車台番号　　　XY 98 Z-12345
3．改造施工者　　東京都○○区○○
　　　　　　　　○○改造工業株式会社
4．改造概要　　　①ホイールベースの延長
　　　　　　　　②原動機の乗せ換え
　　　　　　　　詳細は2号様式参照

以上

注：①本例は，証明者と改造施工者が同一であるケースを示した。場合によっては両者が異なることもある。その場合は，それぞれの名称を書けばよい。
　　②用紙サイズはA4とすること。

造車メーカー)そのものが保安基準に適合していることを自ら証明するものであり,特に定められた様式はない。実際に審査に用いた証明書を示したので,作成の参考にしていただきたい。もし,陸運支局からさらに指示がある時は,支局側からいってくるので特に心配する必要はない。

(2) 比重証明書

比重証明書は審査にあたって,積載重量を確認するため,積載物を出す業者(つまり荷主)に対して発行を求めるものである。産業廃棄物や工業用中間材料など,通達に規定がない物が対象になることが多い。荷主は,現実には公的機関などに作成を依頼する。書式は自由で,用紙サイズをA4とすればよい。

(3) 教習自動車用途証明書

教習自動車用途証明書は,教習車として使用する車であることを,登録地を管轄する公安委員会が証明するものである。この証明がないと,教習車として登録できない。

これは書式が決まっているので,見本を示す。

(4) 溶接施工資格証明書

溶接に関して,作業者が規定の資格か技量を持っていて,品質が確保できることを証明する書面である(152ページ)。

通常,一級溶接技能士などの資格保有者を証明書に記載する。

## 6.4 改造届出書の提出と審査結果通知書の受領

改造届出の経験がない読者のために,改造届出書の提出と審査結果通知書の受領に関する注意点を述べていく。

## 指定自動車教習所路上教習用自動車証明願

平成　年　月　日

　　　殿

| 願出人 | 指定自動車教習所 | 名　　称 |  |
| --- | --- | --- | --- |
|  |  | 指定番号 |  |
|  |  | 所 在 地 |  |
|  |  | 管 理 者 | ㊞ |

　下記の自動車は、当　　　　において路上教習用自動車として使用されるものであることを証明願います。

| 車台番号および自動車登録番号 | 符号 | 車 台 番 号 | 自動車登録番号 |
| --- | --- | --- | --- |
|  | 1 |  |  |
|  | 2 |  |  |
|  | 3 |  |  |
|  | 4 |  |  |
|  | 5 |  |  |

　上記のとおり証明する。

　　　第　　　号

　　平成　年　月　日

備考　用紙の大きさは、日本工業規格 A 列 4 番とする。

(注1)　継続責任保険契約関係書類の中の「自動車登録番号、車両番号または標識の番号（車台番号）」欄には、当該自動車の車台番号を記入するものとする。

溶接施工資格証明書の見本

平成〇年〇月〇日

〇〇地方運輸局〇〇陸運支局長
　　　　〇〇〇〇殿

〇〇改造工業株式会社
代表取締役　〇〇〇〇　　印
電話　〇〇-〇〇〇-〇〇〇〇

溶接施工資格証明書

改造自動車の溶接作業に関し，以下を証明します．

1．車名・型式　　ヤマト　E-XY98Z（改）
2．車台番号　　　XY98Z-12345，XY98Z-12346
3．改造台数　　　2台
4．溶接作業者　　特級ボイラー溶接技能士
　　　　　　　　登録番号　〇〇〇〇〇〇

官庁発行の溶接施工資格証明証の写し

以上

注：①本例は，特級ボイラー溶接技能士の資格者の場合を示した．
　　②本例は，同一車型で改造台数が2台の場合を示した．
　　③用紙サイズはA4とすること．

もちろん，すべてが本書の説明通りとはかぎらない。地方運輸局や陸運支局の対応は，場合によっては説明と異なる部分があるだろう。以下を参考にして，柔軟に対処してほしい。

(1) 提出時の注意
①改造内容の説明ができること
　地方運輸局と陸運支局（自動車検査登録事務所を含む）のいずれに届け出る場合にも，代理人による届出が見られるが，これらは，後日，詳細な技術説明を求められることがある。
　改造届出にあたっては，本来，改造内容を口頭で説明できることが大切である。なぜなら，局側は届出を受理する際，以降の審査を効率よく行うために，書類の不備をチェックするだけでなく，改造の技術的な内容も併せて聴取するからである。
②聞き取り調査時間
　地方運輸局，もしくは陸運支局（自動車検査登録事務所を含む）は，届出の受付日時を指定していることがある（例えば，重改造の受付は火曜日とし，ほかの日には受け付けない）。また，口頭による説明も持ち時間が決められる（例えば，1件あたりの聞き取り調査を1時間程度とするなど）。
　もちろん，これらは個々に異なるが，口頭による説明は，持ち時間の長短にかかわらず，決められた時間の枠内で要領よく説明することが重要である。メーカーだけでなく局側の審査官にとっても都合がいいことは，容易に理解できるであろう。
③参考(追加)書類の準備
　規定にはないが，審査の参考となる書類があれば，あらかじめ準備しておいて，説明時に活用し，求めがあれば提出する。これにより，無駄な時間が省けるし，届出後の局側の審査もスムーズに進みやすい。

④審査完了見込み時期

　審査の完了見込み時期を，届出時に尋ねることは勇気が要る。だが，係官の多くは質問されれば，おおまかな日程を教えてくれる。これがわかれば，自社の改造進捗管理に反映させられるという利点があり，大いに励行したほうがよい。

(2) 審査結果通知書受領時の注意
①審査完了の確認

　審査が完了したか否かは，電話で確認する場合がほとんどである。この時，審査結果通知書の受領時に，なにか留意すべきことがないかどうかを聞いておくことも大切である。

②コピー持参

　審査が終わって，審査結果通知書（第2号様式）を受領する際，改造届出書のきれいなコピーを一部持参すると好都合である。この理由は，届出時に提出した書類には審査時に各種の確認事項が書き込まれ，そのままでは押印しても審査結果通知書にはなりにくい。しかし，きれいなコピーを持っていれば，これに押印して審査結果通知書として使用でき，手続きが円滑になるからである。

③受領の経験がない場合

　審査結果通知書を受領する方法は，それぞれの支局などによって若干の違いがあるようである。受領した経験がない時は，「初めて」といえば要領を教えてくれるので，ためらう必要はなにもない。まずは先方の指示に従うことが，受領を円滑にするコツである。

第1号様式

平成　年　月　日

殿

届出者の氏名又は名称　　　　　　　　　　　　　印

住　　　　所

連　絡　先（担当者）

電　話　番　号

## 改 造 自 動 車 等 届 出 書

| 車名・型式 | ヤマト KC-XY98Z改 | | 種　別 | 普通4輪 | 用　途 | 貨物 | |
|---|---|---|---|---|---|---|---|
| 改造内容等 | (1)-① | 車枠及び車体 | (3)-④ | 動力伝達装置 | (5)-④ | 操縦装置 |
| | (1)-② | 〃 | (3)-⑤ | 〃 | (6) | 制動装置 |
| | (1)-③ | 〃 | (4)-① | 走行装置 | (7)-① | 緩衝装置 |
| | (2)-① | 原動機 | (4)-② | 〃 | (7)-② | 〃 |
| | (2)-② | 〃 | (4)-③ | 〃 | (8) | 連結装置 |
| | (3)-① | 動力伝達装置 | (5)-① | 操縦装置 | (9) | 燃料装置 |
| | (3)-② | 〃 | (5)-② | 〃 | | 試作車 |
| | (3)-③ | 〃 | (5)-③ | 〃 | | 組立車 |
| 改造予定車両数 | 2 | | 主たる使用地域 | | 東京都 | |

注1．該当する改造内容等を○で囲むこと．
　2．添付資料を省略する場合には，添付資料欄に×を付すこと．

（日本工業規格　A列4番）

第1号様式

| 添付資料 ＼ 改造内容等 | (1)① | (1)② | (1)③ | (2)① | (2)② | (3)① | (3)② | (3)③ | (3)④ | (3)⑤ | (4)① | (4)② | (4)③ | (5)① | (5)② | (5)③ | (5)④ | (6) | (7)① | (7)② | (8) | (9) | 試作車 | 組立車 |
|---|---|---|---|---|---|---|---|---|---|---|---|---|---|---|---|---|---|---|---|---|---|---|---|---|
|  | 車枠及び車体 | 同左 | 同左 | 原動機 | 同左 | 動力伝達装置 | 同左 | 同左 | 同左 | 同左 | 走行装置 | 同左 | 同左 | 操縦装置 | 同左 | 同左 | 同左 | 制動装置 | 緩衝装置 | 同左 | 連結装置 | 燃料装置 |  |  |
| 届出書 | ○ | ○ | ○ | ○ | ○ | ○ | ○ | ○ | ○ | ○ | ○ | ○ | ○ | ○ | ○ | ○ | ○ | ○ | ○ | ○ | ○ | ○ | ○ | ○ |
| 改造等概要説明書 | ○ |  |  |  |  |  |  |  |  |  |  |  |  |  |  |  |  |  |  |  |  |  | ○ | ○ |
| 主要諸元要目表 |  |  |  |  |  |  |  |  |  |  |  |  |  |  |  |  |  |  |  |  |  |  | ○ | ○ |
| 外観図 | ○ | ○ | ○ |  |  |  |  |  |  |  | ○ |  |  | ○ |  |  |  |  |  |  |  | ○ | ○ | ○ |
| 改造部分詳細図 | ○ | ○ | ○ | ○ |  | ○ | ○ | ○ | ○ |  | ○ | ○ | ○ | ○ | ○ | ○ | ○ | ○ | ○ | ○ | ○ |  | ※3○ | ※3 |
| 車枠(車体)全体図 | ○ | ○ |  |  |  |  |  |  |  |  |  |  |  |  |  |  |  |  |  |  |  |  |  |  |
| 最大安定傾斜角度計算書 |  | ○ |  |  |  |  |  |  |  |  | ○ |  |  |  |  |  |  |  |  |  |  |  |  |  |
| 制動能力計算書 |  |  |  | ※1○ |  |  |  |  |  |  |  |  |  |  |  |  |  | ○ |  |  |  |  | ○ |  |
| 走行性能計算書 |  |  |  |  |  |  |  |  |  |  |  |  |  |  |  |  |  |  |  |  |  |  | ○ |  |
| 最小回転半径計算書 | ※2○ | ※2○ |  |  |  |  |  |  |  |  | ※2○ |  |  |  | ○ |  |  |  |  |  |  |  | ○ |  |
| 強度検討書　車枠(車体) | ○ | ○ | ○ |  |  |  |  |  |  |  |  |  |  |  |  |  |  |  |  |  |  |  |  | ○ |
| 強度検討書　動力伝達装置 |  |  |  | ○ |  | ○ | ○ | ○ |  |  | ○ |  |  |  |  |  |  |  |  |  |  |  |  | ○ |
| 強度検討書　走行装置 |  |  |  |  |  |  |  |  |  |  | ○ | ○ |  |  |  |  |  |  |  |  |  |  |  | ○ |
| 強度検討書　操縦装置 |  |  |  |  |  |  |  |  |  |  |  |  |  | ○ | ○ | ○ | ○ |  |  |  |  |  |  | ○ |
| 強度検討書　制動装置 |  |  |  |  |  |  |  |  |  |  |  |  |  |  |  |  |  | ○ |  |  |  |  |  | ○ |
| 強度検討書　緩衝装置 |  |  |  |  |  |  |  |  |  |  |  |  |  |  |  |  |  |  | ○ | ○ |  |  |  | ○ |
| 強度検討書　連結装置 |  |  |  |  |  |  |  |  |  |  |  |  |  |  |  |  |  |  |  |  | ○ |  |  | ○ |

注）※1. 駐車ブレーキに係るもののみとする。
　　※2. ホイールベースを延長した場合に提出するものとする。
　　※3. 「新型自動車等取扱要領について（依命通達）」（昭和45年6月12日自車第375号・自整第86号）の別表3(6)に準じたものとする。

（日本工業規格　A列4番）

第2号様式　　　　　　　　　　　　　　　　　　　　　　　　　　　第　　　号
　　　　　　　　　　　　殿　　　　　　　　　　　　　平成　　年　　月　　日
　　　　　　　　　　　　　　　　　　　　　　　　　　　　　　　　　　　印

## 改造概要等説明書（改造自動車等審査結果通知書）

指示事項　……………………………………………………………………
　　　　　……………………………………………………………………
　　　　　……………………………………………………………………

### 主要諸元比較表　　（改造車）・試作車・組立車）

| 項　目 | | 標準車 | 改造車 | 基準 | 項　目 | | 標準車 | 改造車 | 基準 |
|---|---|---|---|---|---|---|---|---|---|
| 車　名 | | ヤマト | ヤマト | | 乗車定員　　人 | | 1 | 2 | |
| 型　式 | | KL-CYJ23R3 | KL-CYJ23R3 | | 最大積載量　kg | | 13700 | 11300 | |
| 自動車の種別 | | 普通 | 普通 | | 車両総重量 kg | 前前軸重 | 3720 | 4180 | ≦10t |
| | | | | | | 前後軸重 | 3710 | 3980 | ≦10t |
| 用　途 | | 貨物 | 貨物 | | | 後前軸重 | 7260 | 6935 | ≦10t |
| 車体の形状 | | キャブオーバ | キャブオーバ | | | 後後軸重 | 7135 | 6810 | ≦10t |
| 燃料の種類 | | 軽油 | 軽油 | | | 計 | 21825 | 21905 | |
| 原動機型式 | | 6SD1 | 6SD1 | | 最大安定傾斜角度 | 右 | 53° | 39° | 一般 ≧35° |
| 総排気量　L | | 9.839 | 9.839 | | | 左 | 53° | 39° | その他 ≧30° |
| 長　さ　m | | 10.090 | 10.090 | ≦12m | タイヤサイズ | 前前軸 | 245/70R19.5-136/134J | 245/70R19.5-136/134J | |
| 幅　　m | | 2.490 | 2.490 | ≦2.5m | | 前後軸 | 245/70R19.5-136/134J | 245/70R19.5-136/134J | |
| 高さ　m | | 3.040 | 3.040 | ≦3.8m | | 後前軸 | 245/70R19.5-136/134J | 245/70R19.5-136/134J | |
| 軸　距　m | | 1.850 + 3.095 | + 1.210 = 6.155 | | | 後後軸 | 245/70R19.5-136/134J | 245/70R19.5-136/134J | |
| 輪距 | 前輪 | 2.100 | 2.100 | | 積車時タイヤ荷重割合 % | 前前軸 | 83.0 | 93.3 | |
| | 後輪 | 1.890 | 1.890 | | | 前後軸 | 82.8 | 88.8 | |
| 室内又は荷台の内側の寸法 | 長さ m | 7.700 | 7.700 | | | 後前軸 | 85.6 | 81.8 | |
| | 幅 m | 2.350 | 2.350 | | | 後後軸 | 84.1 | 80.3 | |
| | 高さ m | 0.450 | 0.450 | | 積車時前輪荷重割合 | | 34.0 | 37.3 | ≧18、20% |
| 車両重量 | 前前軸重 | 2380 | 3010 | | リア・オーバーハング m | | 2.475 | 2.475 | ≦1/2、11/20、2/3L |
| | 前後軸重 | 2630 | 3080 | | 荷台オフセット | | 0.810 | 0.810 | |
| | 後前軸重 | 1590 | 2265 | | 最小回転半径 m | | 8.3 | 8.3 | ≦12 |
| | 後後軸重 | 1470 | 2140 | | | | | | |
| | 計 | 8070 | 10495 | | | | | | |

### 能力強度等検討

| 加速能力 | ——— | ≧0.038 | 車枠強度 | $\sigma_B/\sigma$ = ——/—— = | >1.6 |
|---|---|---|---|---|---|
| 勾配能力 | ——— | ≧0.125 | 車軸強度 | $\sigma_B/\sigma$ = ——/—— = | >1.6 |
| 制動能力 | 踏力 ——N ——kg/h —— m | | 操縦装置強度 | $\sigma_B/\sigma$ = ——/—— = | >1.6 |
| | 空気圧 ——KPa | | 緩衝装置強度 | $\sigma_B/\sigma$ = ——/—— = | >1.6 |
| 推進軸 | 回転速度 Nc/N ——/—— = | | 制動装置強度 | $\sigma_B/\sigma$ = ——/—— = | >1.6 |
| | 強度 $\sigma_B/\tau$ ——/—— = | | 連結装置強度 | $\sigma_B/\sigma$ = ——/—— = | >1.6 |

注1．(改造車・試作車・組立車)の欄には、該当するものを〇で囲むこと。
注2．能力強度等検討欄は、該当しないものには―、省略したものには×を記入すること。

## 改 造 等 の 概 要

| 目　　的 | 型トラックシャーシにクレーンを架装。 |
|---|---|
| 車枠及び車体 | クレーン車 |
| 原 動 機 | 標準車に同じ |
| 動力伝達装置 | 〃 |
| 走 行 装 置 | 〃 |
| 操 縦 装 置 | 〃 |
| 制 動 装 置 | 〃 |
| 緩 衝 装 置 | 〃 |
| 連 結 装 置 | 〃 |
| 燃 料 装 置 | 〃 |

資料——届出書の見本　159

| 型式 | KL-CYJ23R3 |

## 重量分布表

| 名　　　称 | 重　量<br>W(kg) | 後2軸中心<br>オフセット(m) | 前輪荷重<br>Wf(kg) | 後輪荷重<br>Wr(kg) | 重心高<br>H(m) | モーメント<br>WH(kgm) |
|---|---|---|---|---|---|---|
| キャブ付シャシ | 6950 |  | 4770 | 2180 | 0.680 | 4726 |
| クレーン重量 | 1710 | 3.421 | 1265 | 445 | 4.018 | 6871 |
| 後部煽重量 | 170 | -2.420 | -89 | 259 | 1.300 | 221 |
| 荷台重量 | 1425 | 0.275 | 85 | 1340 | 1.300 | 1853 |
| 燃料重量 | 240 | 1.145 | 59 | 181 | 0.550 | 132 |
|  |  |  |  |  |  |  |
|  |  |  |  |  |  |  |
|  |  |  |  |  |  |  |
|  |  |  |  |  |  |  |
|  |  |  |  |  |  |  |
| 車　両　重　量 | 10495 |  | 6090<br>3010 ＼ 3080 | 4405<br>2265 ＼ 2140 |  | 13803 |
| 乗　　員 | 110 | 5.980 |  |  |  |  |
| 積載量　最大積載量 | 11300 | 0.810 |  |  |  |  |
| 車　両　総　重　量 | 21905 |  | 8160<br>4180 ＼ 3980 | 13745<br>6935 ＼ 6810 | H = | 1.315 |

## 前輪荷重割合

$$\frac{\text{積載時前輪荷重 Wf(kg)}}{\text{車両総重量 W(kg)}} \times 100 = \frac{8160}{21905} \times 100 = 37.3 \geqq 20\%$$

※保安基準第5条-2項に適合する

## タイヤ荷重割合

| | タイヤサイズ | 本数 | タイヤ推奨荷重(kg) | 軸許容荷重(kg) |
|---|---|---|---|---|
| 前前輪 | 245/70R19.5-136/134J | 2 | 2240 × 2 = 4480 | 5400 |
| 前後輪 | 245/70R19.5-136/134J | 2 | 2240 × 2 = 4480 | 5400 |
| 後前輪 | 245/70R19.5-136/134J | 4 | 2120 × 4 = 8480 | 20000 |
| 後後輪 | 245/70R19.5-136/134J | 4 | 2120 × 4 = 8480 | 20000 |

前前輪　$\frac{4180}{4480} \times 100 = 93.3 < 100\%$

前後輪　$\frac{3980}{4480} \times 100 = 88.8 < 100\%$

後前輪　$\frac{6935}{8480} \times 100 = 81.8 < 100\%$

後後輪　$\frac{6810}{8480} \times 100 = 80.3 < 100\%$

※保安基準第9条に適合する

| 型式 | KL-CYJ23R3 |

## 重量分布算出
### 1.空車時重量分布

|  |  |  |
|---|---|---|
| wrs : バネ下重量後2軸合計 |  | 1765 kg |
| wrfs : バネ下重量後前軸 |  | 945 kg |

$$wf = 6090 \text{ (実測)}$$
$$wr = 4405 \text{ (実測)}$$
$$wff = A1 \times wf + B1 \times wr + C1$$
$$= .6118 \times 6090 - .0122 \times 4405 - 665$$
$$= 3007.121 ≒ 3010$$
$$wfr = wf - wff$$
$$= 6090 - 3010$$
$$= 3080$$
$$wrf = (wr + (wrfs - wrrs))/2$$
$$= (4405 + (945 - 820))/2$$
$$= 2265$$
$$wrr = wr - wrf$$
$$= 4405 - 2265$$
$$= 2140$$

### 2.積車時重量分布

| | | |
|---|---|---|
| W'FF : 標準車積車時荷重 前前軸 | | 3493 kg |
| W'FR : 標準車積車時荷重 前後軸 | | 3526 kg |
| △w : 改造車-標準車 重量差 | 10495 - 8070 = | 2425 kg |
| △m : 改造車-標準車 モーメント差 | 3496.5 + 1665 + 0 + 328.9 = | 5490.4 kgm |
| wrs : バネ下重量後2軸合計 | | 1765 kg |
| wrfs : バネ下重量後前軸 | | 945 kg |

$$WFF = W'FF + A1 \times \triangle w + B1 \times \triangle m$$
$$= 3493 - .0093 \times 2425 + .1285 \times 5490.4$$
$$= 4175.964 ≒ 4180$$
$$WFR = W'FR + A2 \times \triangle w + B2 \times \triangle m$$
$$= 3526 + .014 \times 2425 + .0775 \times 5490.4$$
$$= 3985.456 ≒ 3980$$
$$WR = W - (WFF + WFR)$$
$$= 2425 - (4180 + 3980)$$
$$= 13745$$
$$WRF = (WR + (wrfs - wrrs))/2$$
$$= (13745 + (945 - 820))/2$$
$$= 6935$$
$$WRR = WR - WRF$$
$$= 13745 - 6935$$
$$= 6810$$

資料──届出書の見本　161

| 型式 | KL-CYJ23R3 |

## 最大安定傾斜角度算出
### 1.安定幅

| | | | | |
|---|---|---|---|---|
| Tf | : 前輪トレッド | | 2.100 | m |
| Tr | : 後輪トレッド | 1.890 + 0.294 = | 2.184 | m |
| L  | : ホイールベース | | 5.550 | m |
| wfl | : 空車時前荷重(左) | | 3070 | kg |
| wfr | : 空車時前荷重(右) | | 3070 | kg |
| wrl | : 空車時後荷重(左) | | 2253 | kg |
| wrr | : 空車時後荷重(右) | | 2252 | kg |

$$\tan\alpha = \frac{Tr - Tf}{2L} = \frac{2.100 - 2.184}{2 \times 5.550}$$

$$= 0.007568$$

$$\therefore \alpha = 0°\ 26'$$

$$\therefore \cos = 0.999971 \fallingdotseq 1$$

(左側)
$$Bl = \frac{(Tf \times wfr + Tr \times wrr)}{w} \times \cos\alpha$$

$$= \frac{2.100 \times 3070 + 2.184 \times 2252}{10495}$$

$$= \frac{11365}{10495}$$

$$= 1.082897$$

(右側)
$$Br = \frac{(Tf \times wfl + Tr \times wrl)}{w} \times \cos\alpha$$

$$= \frac{2.100 \times 3070 + 2.184 \times 2253}{10495}$$

$$= \frac{11368}{10495}$$

$$= 1.083182$$

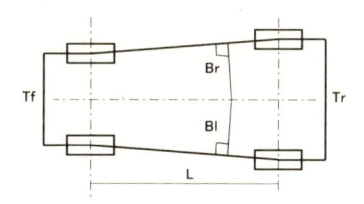

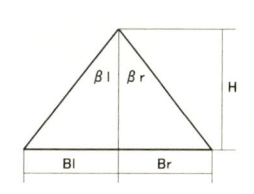

### 2.最大安定傾斜角度

(左側)
$$\beta l = \tan^{-1}\frac{Bl}{H}$$

$$= \tan^{-1}\frac{1.082897}{1.315}$$

$$= \tan^{-1} 0.823$$

$$= 39°\ 27'\ \geqq 35°$$

(右側)
$$\beta r = \tan^{-1}\frac{Br}{H}$$

$$= \tan^{-1}\frac{1.083182}{1.315}$$

$$= \tan^{-1} 0.824$$

$$= 39°\ 29'\ \geqq 35°$$

※保安基準第5条に適合する

## フレーム延長に伴う強度計算書

| 型式 | KL-CYJ23R3 |
|---|---|

| | | |
|---|---|---|
| Tw | : 車両総重量 | 21905 kg |
| Cw | : キャブ付シャシ重量 | 6950 kg |
| N | : 乗員重量 | 110 kg |
| L | : リヤボディ長 | 9800 mm |
| $l$ | : 延長部からフレーム最後尾まで | 350 mm |
| W2 | : 重量 | 200 kg |
| $l2$ | : 延長部から重心位置まで | 350 mm |

フレーム材質　SAPH45

$\sigma b$ : 引張強さ　45 kg/mm$^2$　　$\sigma y$ : 降伏点　31 kg/mm$^2$
Z : 断面係数(両側)　　　　　　　　　　0.957×10$^5$ mm$^3$

### 1.強度計算

M(kgmm)　延長部にかかるモーメント
w : シャシフレーム上面に加わる等分布荷重(kg/mm)

$$w = \frac{Tw - Cw - N - W2}{L} = \frac{21905 - 6950 - 110 - 200}{9800} = 1.494$$

$$M1 = \frac{w \times l^2}{2} = \frac{1.494 \times 350^2}{2} = 0.915 \times 10^5$$

$$M2 = W2 \times l2 = 200 \times 350 = 0.700 \times 10^5$$

$$M = M1 + M2 = 0.915 \times 10^5 + 0.700 \times 10^5 = 1.615 \times 10^5$$

$\sigma$(kg/mm$^2$)　延長部の曲げ応力

$$\sigma = \frac{M}{Z} = \frac{1.615 \times 10^5}{0.957 \times 10^5} = 1.688$$

### 2.安全率

破壊安全率 Sb

$$Sb = \frac{\sigma b}{\sigma \times n} = \frac{45}{1.688 \times 2.5} = 10.7 > 1.6$$

降伏安全率 Sy

$$Sy = \frac{\sigma y}{\sigma \times n} = \frac{31}{1.688 \times 2.5} = 7.3 > 1.3$$

※以上の計算により、延長によるシャシフレーム強度は基準を十分に満足する

※断面係数 Z(mm$^3$)

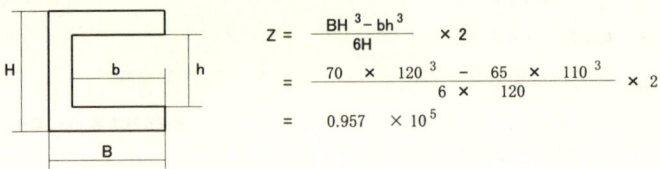

$$Z = \frac{BH^3 - bh^3}{6H} \times 2$$

$$= \frac{70 \times 120^3 - 65 \times 110^3}{6 \times 120} \times 2$$

$$= 0.957 \times 10^5$$

| | |
|---|---|
| 型式 | KL-CYJ23R3 |

## 燃料タンク重量計算書

| 車名 | ヤマト |
|---|---|
| 型式 | KL-CYJ23R3 |
| 車台番号 | 12345 |

**1. 燃料タンク容量**

　　主タンク　　：　　200 L
　　補助タンク　：　　200 L

**2. 燃料タンク容積**

　　主タンク　　：　200 ×　 80% ＝　160 L
　　補助タンク　：　200 × 100% ＝　200 L

**3. 燃料重量計算**　（比重：軽油 0.85）

　　主タンク　　：　160 × 0.85 ≒　140 kg
　　補助タンク　：　200 × 0.85 ≒　170 kg

**4. 取付位置**　（左：右別に後軸からの距離を記入する）
　　　　　　　　前軸中心とは、前二軸車は二軸の中心をいう
　　　　　　　　後軸中心とは、後二軸車はトラニオン中心をいう

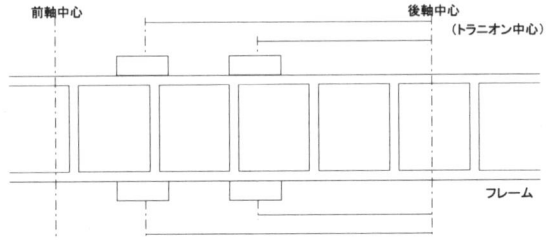

後軸からの距離(m)
　主タンク　　：　1.850
　補助タンク　：　2.550
　W.B.(m)　　：　4.625

**5. 重量分布**

| | 前輪(kg) | 後輪(kg) |
|---|---|---|
| 主タンク | 60 | 80 |
| 補助タンク | 90 | 80 |
| 計 | 150 | 160 |

## 最小回転半径計算書

車両型式；KC-XY98Z改

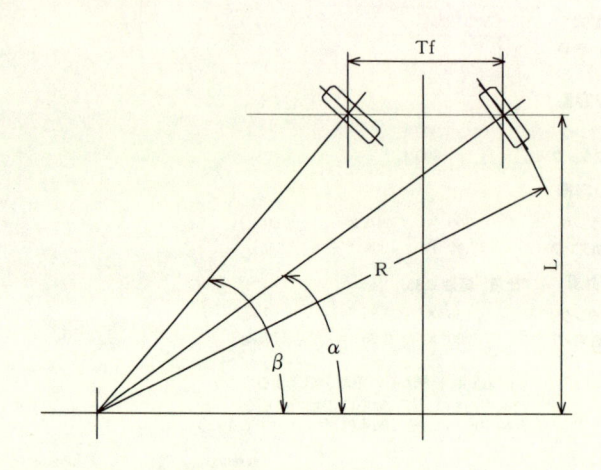

| 項　　目 | 記　号 | 単　位 | 数　　値 |
|---|---|---|---|
| 軸間距離 | L | m | 4.2 |
| かじ取車輪の輪距 | Tf | m | 2.045 |
| 外側車輪のかじ取り角度 | α | deg | 38 |
| 内側車輪のかじ取り角度 | β | deg | 50 |
| $\sin\alpha$ | — | — | 0.61566 |
| $\tan\beta$ | — | — | 1.19175 |
| 最小回転半径 | R | m | 6.9 |

計算式

$$R = \frac{\dfrac{L}{\sin\alpha} + \sqrt{L^2 + \left(\dfrac{L}{\tan\beta} + Tf\right)^2}}{2}$$

軸間距離（L）とは、次の数値をいう。
　前車軸～後車軸中心

以上より、保安基準第6条を満足する

## 動力伝達装置強度検討書

車両型式：KC-XY98Z改

### 1．推進軸危険回転数

（1）危険回転数：Nc

軸の外径 $d_0 = 90.0$ mm　　軸の内径 $d_1 = 83.6$ mm

軸の長さ（最大ジャーナル間長さ）$L = 1398$ mm

$$Nc = \frac{0.1195 \times 10^9 \times \sqrt{d_0^2 + d_1^2}}{L^2}$$

$$= \frac{0.1195 \times 10^9 \times \sqrt{90.0^2 + 83.6^2}}{1398^2} = 7511 \text{ RPM}$$

（2）推進軸の最高回転数：Np

エンジン最高回転数　$N = 3100$ RPM

変速機最小変速比　$r = 0.740$

$$Np = \frac{N}{r} = \frac{3100}{0.740} = 4189 \text{ RPM}$$

（3）安全率：η

$$\eta = \frac{Nc}{Np} = \frac{7511}{4189} = 1.79 > 1.3$$

### 2．推進軸強度計算

（1）捩じり応力：τ

エンジン最大トルク　$Q = 58.0$ kgf·m／1600 PRM

第1速変速比　$\gamma_1 = 6.718$

伝達効率　$\eta = 0.90$

$$\tau = \frac{16 \times Q \times d_0 \times \gamma_1 \times \eta \times 10^3}{\pi \times (d_0^4 - d_1^4)}$$

$$= \frac{16 \times 58.0 \times 90.0 \times 6.72 \times 0.90 \times 10^3}{\pi \times (90.0^4 - 83.6^4)} = 9.6 \text{ kgf/mm}^2$$

（2）許容捩じり応力：σB'

チューブ材料：JASO STKM13B　　引張強さ：$\sigma B = 45.0$ kgf/mm²

許容捩じり応力：$\sigma B' = 45.0 \times 0.6 = 27.0$ kgf/mm²

（3）破壊安全率：SB

$$SB = \frac{\sigma B'}{\tau} = \frac{27.0}{9.6} = 2.81 > 1.3$$

以上により、保安基準第8条を満足する．

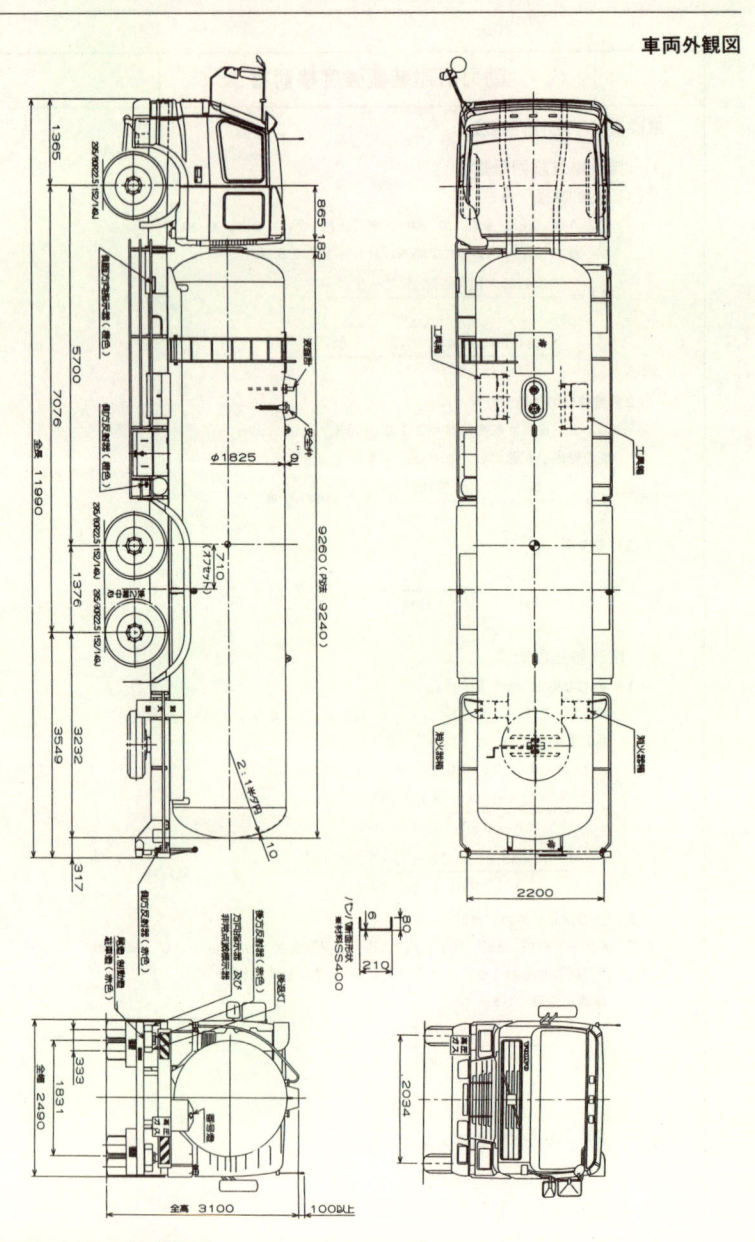

166　第6章　改造届出書の作成と認可の取得

車両外観図

図版提供：日本ボルボ株式会社

# Ⅱ　改造自動車の届出の必要な範囲

## 1．車枠及び車体

車枠及び車体について、次に該当する改造を行うものをいう。

(1) フレームを有する自動車のフレーム形状を変更及びホイール・ベース間のフレームを延長又は短縮するものをいう。
　■フレーム形状の変更とは、フレームの形状(例：ストレート⇔キックダウン)又は断面形状(例：コ形⇔□形)を変更するものをいう。

(2) モノコック構造の車体の変更を行うものをいう。
　■モノコック構造の車体の変更を行うものとは、次のものをいう。
　・モノコック構造の車体に直径が250mmの円の範囲を超えて、穴又は切り欠きを設けたものであって、開口部周囲を補強しないもの
　・モノコック構造の車体の形状を箱型⇔幌型にするもの
　・モノコック構造のアンダ・ボデー又はルーフを変更し、運転者室、客室及び荷台を延長又は短縮するもの
　・モノコック構造の車体のフロント・オーバーハング部又はリヤ・オーバーハング部を延長又は短縮するもの
　・乗合自動車等のモノコック構造の主要骨格構造を変更するもの
　　乗合自動車等のモノコック構造の主要骨格構造とは、車体強度を主として受け持つ左右側窓下部の骨材及び出入口周囲の骨材をいう。

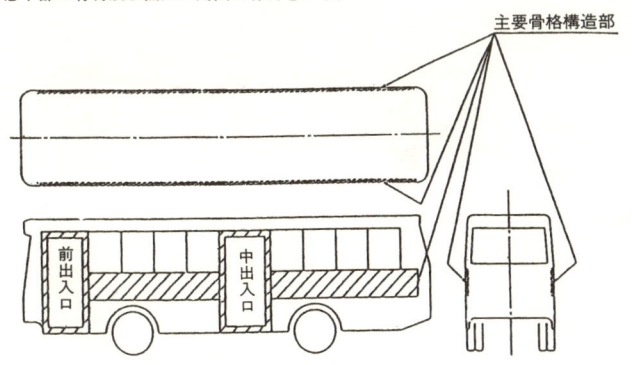

注)・開口部の廃止及び縮小するものは改造に該当しない。

(3) 二輪自動車から側車付二輪自動車に変更を行うものをいう。

## 2．原動機

原動機について、次に該当する改造を行うものをいう。

＊以下の資料は『改造自動車等取扱いの解説』(交文社)から転載させていただきました。

(1) 型式の異なる原動機に乗せ換えるもの
(2) 原動機の総排気量を変更するもの

## 3．動力伝達装置

動力伝達装置について、次に該当する改造を行うものをいう。
(1) プロペラ・シャフトの変更を行うもの
■プロペラ・シャフトの変更を行うものとは、プロペラ・シャフトの寸法又は材質を変更するものをいう。
(2) ドライブ・シャフトの変更を行うもの
■ドライブ・シャフトの変更を行うものとは、ドライブ・シャフトの寸法又は材質を変更するものをいう。
(3) トランスミッションの変更を行うもの
■トランスミッションの変更を行うものとは、次のものをいう。
・手動式トランスミッション⇔自動式トランスミッション
・A型トランスミッション⇔B型トランスミッション(ただし、変速比又は変速段の変更をするものを除く。)
・機械式クラッチ⇔電磁クラッチ(ただし、クラッチを強化型等に変更するものは除く。)
(4) 駆動軸数の変更を行うもの
■駆動軸数の変更を行うものとは、駆動軸数を増減する改造を行うものをいう。
(5) 駆動軸への動力伝達方式の変更を行うもの
■駆動軸への動力伝達方式の変更を行うものとは、次のものをいう。
・チェーン式⇔ベルト式、チェーン式又はベルト式⇔ドライブ・シャフト式

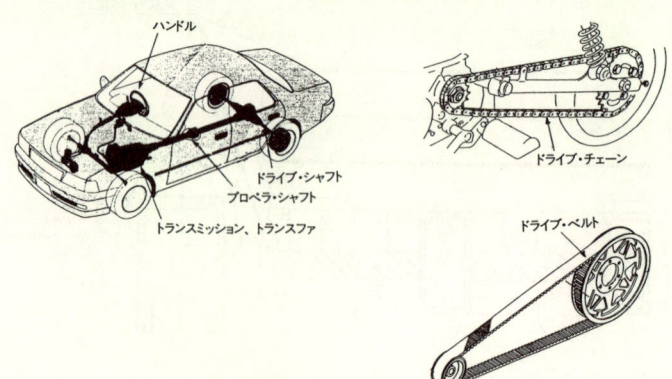

## 4．走行装置

走行装置について、次に該当する改造を行うものをいう。

(1) 走行方式の変更を行うもの
　■走行方式の変更を行うものとは、次のものをいう。
　　・タイヤ⇔キャタピラ又はそりに変更を行うもの
(2) フロント・アクスル又はリヤ・アクスルの変更を行うもの
(3) 軸数の変更を行うもの

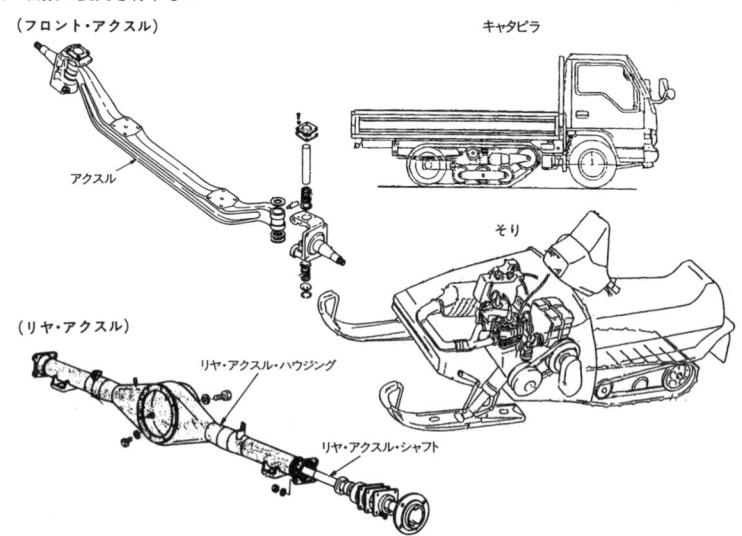

（フロント・アクスル）
アクスル

キャタピラ

そり

（リヤ・アクスル）
リヤ・アクスル・ハウジング
リヤ・アクスル・シャフト

## 5．操縦装置

操縦装置について、次に該当する改造を行うものをいう。
(1) かじ取りハンドルの位置の変更を行うもの
　■かじ取りハンドルの位置の変更を行うものとは、次のものをいう。
　　・右ハンドル⇔左ハンドルに変更を行うもの
　　・かじ取りハンドルの追加
(2) 操舵軸数の変更を行うもの
　■操舵軸数の変更を行うものとは、次のものをいう。
　　・2WS⇔4WSに変更を行うもの
(3) リンク装置の変更を行うもの
　■リンク装置の変更を行うものとは、次のものをいう。
　　・ギヤ・ボックス、ロッド、アーム類及びナックルの取付位置を変更するもの
(4) かじ取り操作方式の変更を行うもの
　■かじ取り操作方式の変更を行うものとは、次のものをいう。
　　・かじ取り操作方式を手動式から足動式に変更するもの

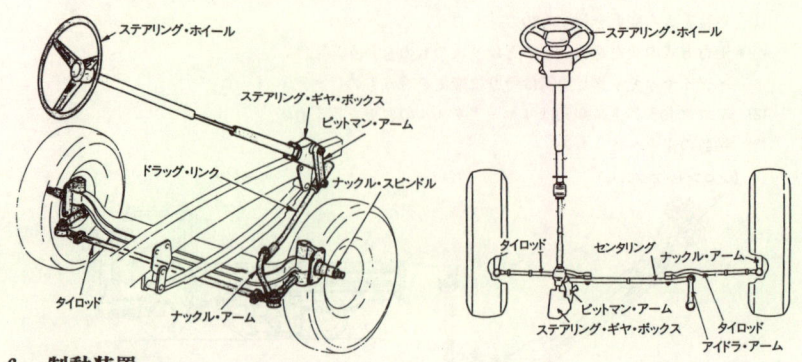

170　巻末資料——改造自動車の届出が必要な範囲

## 6．制動装置

制動方式の変更を行うもの

■ 制動方式の変更を行うものとは、次のものをいう。
- ドラム・ブレーキ⇔ディスク・ブレーキの変更を行うもの
- 内部拡張式⇔外部収縮式の変更を行うもの
- 油圧式⇔空気式の変更を行うもの

注）次の場合にあっては、改造届出を要さないものとする。
- ブレーキ・ペダル、ブレーキ・レバー、マスター・シリンダ及びホイール・シリンダ、教習車の補助ブレーキの取付け、倍力装置、ブレーキ・カム、ブレーキ・ドラム、ディスク・ブレーキのキャリパー及びローター、各種の油圧（空気圧）弁等を変更したもの
- ABSのメーカー違い

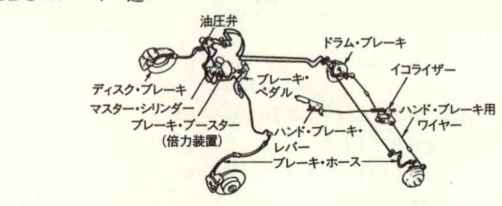

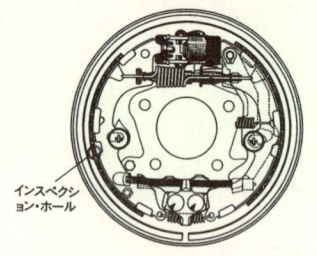

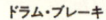

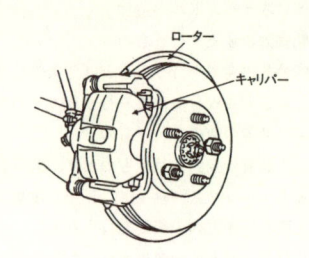

## 7．緩衝装置

緩衝装置について、次に該当する改造を行うものをいう。

(1) 緩衝装置の種類の変更を行うもの
- ■ 緩衝装置の種類の変更を行うものとは、次のものをいう。
  - ・コイル・スプリング⇔リーフ・スプリング⇔トーション・スプリング⇔ウォーキング・ビーム⇔トラニオン⇔エア・サスペンションの変更を行うもの

(2) 緩衝装置の懸架方式（ただしリーフ・スプリングの枚数を増加する変更のものは改造届出を要しないものとする。）の変更を行うもの
- ■ 緩衝装置の懸架方式の変更を行うものとは、次のものをいう。
  - ・リーフ・スプリング、ブラケット、シャックル、サスペンション・アーム又はナックル・サポートの変更を行うもの

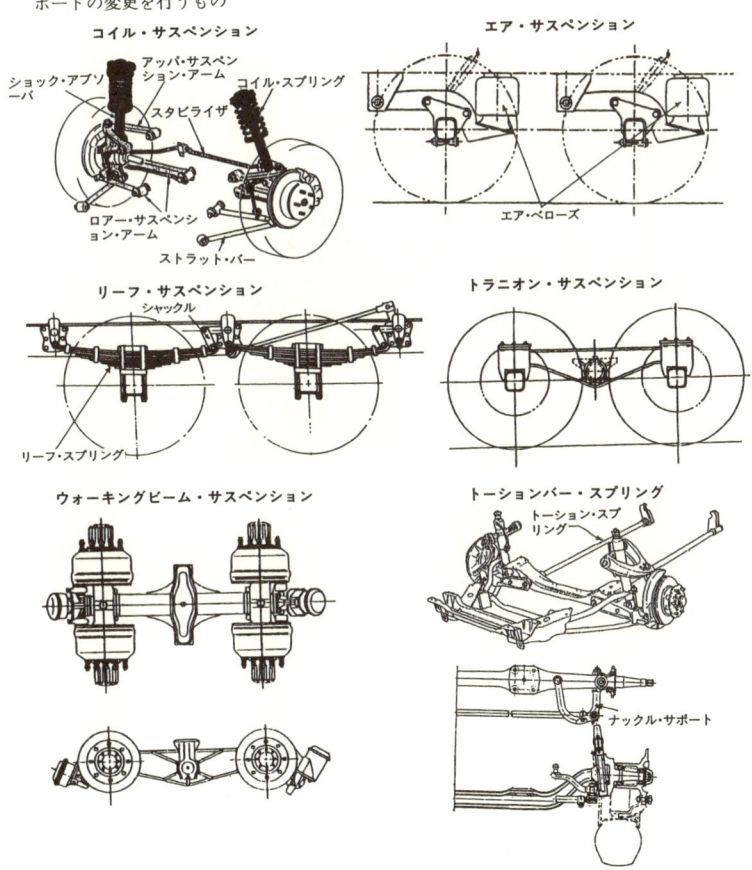

## 8．連結装置

げん引自動車の主制動装置と連動して作用する構造の主制動装置を備える被けん引自動車又はこれをけん引するけん引自動車の連結装置の新規取付け、連結器本体（方式、サイズ等）の変更又は改造を行うもの

- 連結装置の取付け、連結器本体（方式、サイズ等）の変更又は改造を行うものとは、次のものをいう。
  - 第5輪式連結器の新規取付け、連結器本体（方式、サイズ等）の変更又は改造を行うもの
  - ピントル・フック式連結器の新規取付け、連結器本体（方式、サイズ等）の変更又は改造を行うもの
  - ベルマウス式連結器の新規取付け、連結器本体（方式、サイズ等）の変更又は改造を行うもの
  - ヒッチ・ボール式連結器の新規取付け、連結器本体（方式、サイズ等）の変更又は改造を行うもの（ただし、けん引自動車に連動する主制動装置を備えていないものは除く。）

注）・連結装置の取付け位置及びオフセット違いは、改造に該当しない。
　　・連結装置本体のメーカー違いは、改造に該当しない。

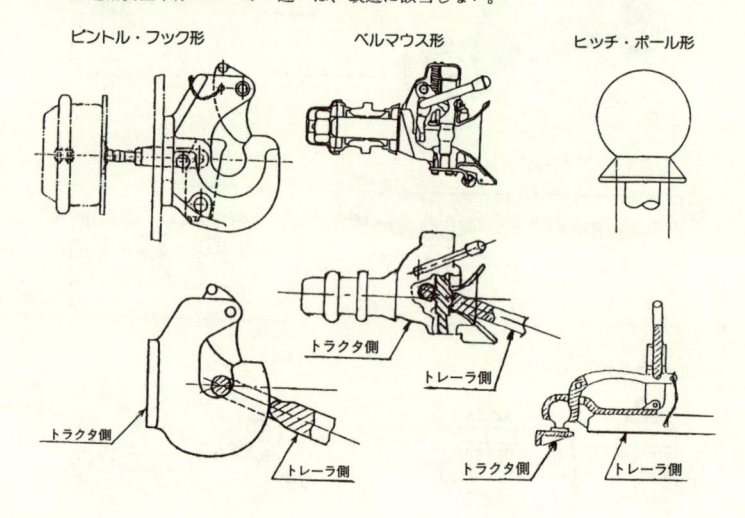

巻末資料——改造自動車の届出が必要な範囲　　173

## 9．燃料装置

燃料の種類を変更する改造を行うもの
■ 燃料の種類を変更する改造を行うものとは、次のものをいう。
　・ガソリン⇔軽油⇔ＬＰガス（ＬＰＧ）⇔圧縮天然ガス（ＣＮＧ）⇔メタノール⇔電気⇔その他の燃料に変更するもの
　・ハイブリッド方式に変更するもの

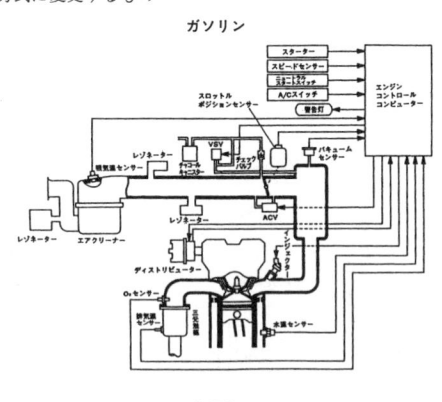

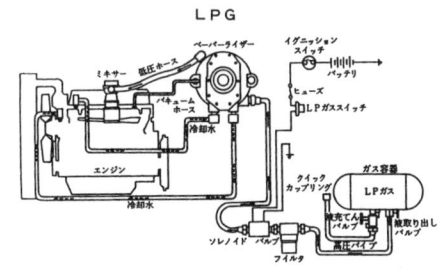

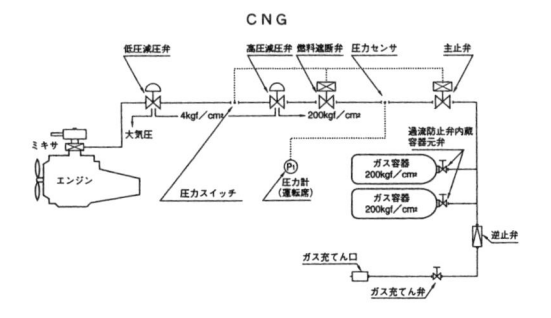

ガソリン

ＬＰＧ

ＣＮＧ

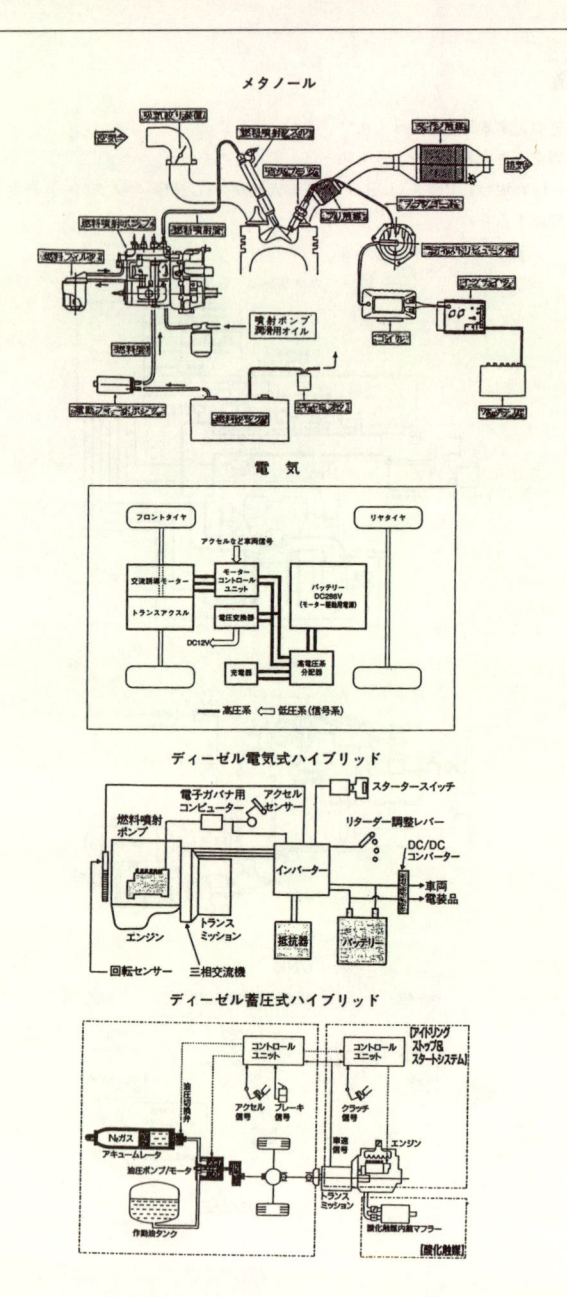

174　巻末資料——改造自動車の届出が必要な範囲

メタノール

電気

ディーゼル電気式ハイブリッド

ディーゼル蓄圧式ハイブリッド

## 10. その他

上記1から9の各号に該当する改造を行う場合において、同一型式内に設定がある装置等の取付け方法を変更することなく使用するものについては、届出に係る添付資料のうち計算書及び強度検討書の提出を要さないものとする。

ただし、軸距又は排出ガス規制が異なることにより別型式としているものにあっても同一型式とみなして取り扱って差し支えないものとする。

**著者紹介**

大野　耕一（おおの・こういち）

　1952年生まれ。
　日産ディーゼル工業株式会社で，車軸，推進軸，ブレーキなど車両要素系の開発・設計を手始めに，車両設計，新型車の認証，市場調査，車両火災調査，特許調査などにも携わる。
　その後，日産ディーゼル工業・関連会社に出向して，改造自動車の設計と認証に従事する。
　2000年，大野技術事務所を開設，同事務所代表。
　日本技術士会，日本機械学会，自動車技術会会員。技術士。

---

改造自動車・設計の基礎と認証の取得

| | |
|---|---|
| 平成13年7月16日　初版 | |
| 著　者 | 大　野　耕　一 |
| 発行者 | 川　村　悦　三 |
| 発行所 | 工学図書株式会社 |
| | 東京都千代田区麹町2-6-3 |
| | 電話　03（3262）3772番 |
| | FAX　03（3261）0983番 |
| 印刷所 | 新日本印刷株式会社 |

Ⓒ大野耕一　2001　Printed in Japan
ISBN 4-7692-0418-3 C 3053

☆定価はカバーに表示してあります。